普通高等教育"十三五"规划教材

矿物加工工程专业
生产实习指导书

左可胜　郑贵山　熊堃　郑媛　著

U0318952

北　京

冶金工业出版社

2017

内 容 简 介

生产实习是矿物加工工程专业四年制本科的必修实践环节。实习的任务是让学生熟悉矿山的生产设备设施、生产流程工艺、生产经济技术指标、生产组织管理制度、厂区平面布置、厂房设备配置等。

本书围绕生产实习的内容及要求分为 7 章，重点介绍了选矿厂的概况，矿区地质及矿石性质，破碎筛分，主厂房及脱水车间的工艺流程、设备、厂房设备配置及操作规程，尾矿处理，选矿厂的技术经济指标等。

本书可作为矿物加工工程专业学生生产实习用书。

图书在版编目(CIP)数据

矿物加工工程专业生产实习指导书/左可胜等著 . —北京：冶金工业出版社，2017.4

普通高等教育"十三五"规划教材

ISBN 978-7-5024-7452-2

Ⅰ.①矿… Ⅱ.①左… Ⅲ.①选矿—生产实习—高等学校—教学参考资料 Ⅳ.① TD9-45

中国版本图书馆 CIP 数据核字(2017)第 029025 号

出 版 人 谭学余
地　　址　北京市东城区嵩祝院北巷 39 号　邮编　100009　电话　(010)64027926
网　　址　www.cnmip.com.cn　电子信箱　yjcbs@cnmip.com.cn
责任编辑　李鑫雨　美术编辑　彭子赫　版式设计　彭子赫
责任校对　郑　娟　责任印制　牛晓波
ISBN 978-7-5024-7452-2
冶金工业出版社出版发行；各地新华书店经销；三河市双峰印刷装订有限公司印刷
2017 年 4 月第 1 版，2017 年 4 月第 1 次印刷
169mm×239mm；6 印张；115 千字；86 页
25.00 元
冶金工业出版社　投稿电话　(010)64027932　投稿信箱　tougao@cnmip.com.cn
冶金工业出版社营销中心　电话　(010)64044283　传真　(010)64027893
冶金书店　地址　北京市东四西大街 46 号(100010)　电话　(010)65289081(兼传真)
冶金工业出版社天猫旗舰店　yjgycbs.tmall.com
(本书如有印装质量问题，本社营销中心负责退换)

前　　言

矿物加工工程专业实习通常包括认识实习、生产实习及毕业实习三部分。

认识实习在专业课程之前开设，通常为一个班进入一个企业实习，有统一的实习内容，目的是使学生对矿物加工方法、工艺及设备形成感性认识，形成对选矿厂的整体概念认识，为后续专业课打基础。

生产实习及毕业实习则是让学生深入了解选矿厂的工艺流程、技术指标、选矿厂的整体设计、生产设备及技术操作条件、主要设备的结构和工作原理、产品质量、生产成本、劳动生产率等有关管理生产和技术情况，学习生产实践知识，培养进行生产实践的技能，使学生理论联系实际，发现存在问题，提出自己见解，以培养和提高学生的独立分析、解决问题的能力。

毕业实习是学生毕业前的最后一次实习，它通常安排在最后一学期开学。学生可通过毕业实习搜集毕业设计（论文）所需要的素材，为独立完成毕业设计（论文）做好铺垫。

与认识实习相比，生产实习是在学生完成专业主干课教学之后的实习，学生系统掌握了本专业知识；与毕业实习相比，学生没有就业及考研压力，实习效果更好。

由于现场操作条件限制和实习人数较多等原因，生产实习内容都是由实习带队老师确定，缺乏严格的统一的标准。甚至有的带队老师根本不明确实习内容，实习学生根本不知道做哪些工作，经常在选矿厂各车间随意走动，纪律涣散。实习单位出于安全考虑和生产顺利需要，对进场学生纪律有严格要求，如果实习内容不充实，学生无所事事，必然影响实习生在选矿厂的形象，进而对教学单位（学校）的形象造成不良影响。

矿物加工过程通常可分为前处理、选别、后处理三部分，各类选矿厂的车间基本上也是按照这三部分来设置，因此实习过程中可将学生分成不同小组安排在破碎筛分车间、磨矿车间、选矿车间、脱水车间轮流实习。

生产实习内容包括通常选矿生产工艺流程、设备与选矿原理、厂矿的规章制度、设备操作规程、选矿的技术经济指标，还需要完成工艺流程图及设备联系图、厂区总平面布置图、厂房设备配置图等图件的简要绘制。本书以陕西某铅锌矿为例，插入了长安大学矿物加工工程专业学生实习报告内容。

此书出版受到 2015 年长安大学高等教育教学改革项目（项目编号：1509，项目名称：矿物加工工程专业生产实习实践教学改革研究）及 2017 年长安大学高等教育教学改革项目（项目编号：1727，项目名称：矿物加工工程专业生产实习实践教学改革研究）的资助。

由于编者水平所限，不足之处在所难免，敬请广大读者批评指正。

左可胜

2016 年 10 月

目　　录

扫我看课件

1 矿山选厂概况

1.1 矿区地理位置

陕西某铅锌矿位于陕西省宝鸡市凤县东南直线距离 14km 处，方位 115°，矿区行政区划属凤县留凤关镇管辖。地理坐标为：东经 106°38′03″，北纬 33°51′56″。自然地理属山地，地表为黄土及灌木覆盖，地势总体为北高南低，海拔标高 2051~1300m，一般高差 300~600m，地形坡度 20°~30°。

区内河流属嘉陵江水系。本区气候特点是夏秋潮湿多雨，冬季寒冷干燥，具有山地气候的温暖带、湿润—半湿润大陆性季风气候，年平均气温 11.2℃，极端最高气温 35.8℃，极端最低气温−16.5℃，年平均降水量 624.5mm。

1.2 交通概况

矿区交通方便，有公路与 316 国道留凤关车站相连，北距宝成铁路双石铺车站 26km（如图 1-1 所示）。

1.3 矿山建矿时间和规模的简介

该矿是一个铅锌采选联合企业，隶属于西北有色地质勘查局七一七总队。受当地地理条件所限，全矿分为采矿工区、选矿厂和矿部三部分。其中，采矿工区位于寺沟村内，南距留凤关矿部 4km；选矿厂位于酒奠沟村，尾矿库位于选厂旁的小梁沟内（已闭库）和乾沟内，有正式公路相通，交通方便。

矿山于 2002 年 4 月 26 日开始筹建，2004 年 11 月 26 日坑道见矿，2005 年 4 月 25 日选厂开始建设，同年 11 月 26 日选厂试生产。矿山现有职工 357 人（其中正式职工 117 人，合同工 240 人），有专业技术人员 33 人，其中高级职称 4 人，中级职称 13 人，初级职称 16 人，涵盖地质、采矿、物探、矿山测量、计算机制图、材料设备、矿山安全、财务、统计、政工、计算机网络等专业，技术力量雄厚。矿山于 2007 年通过 ISO9001 质量管理体系认证、ISO14001 环境管理体系认证和 GB/T 28001—2001 职业健康安全管理体系认证。

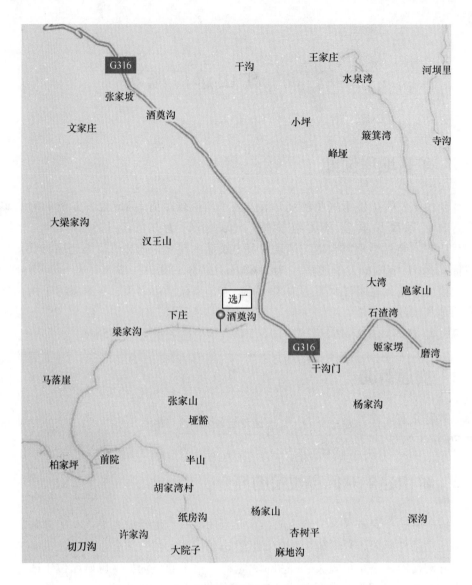

图 1-1　陕西省凤县铅锌矿选厂地理位置图

　　矿山设计日处理原矿 800t，年处理原矿 280kt，选厂技改扩建后生产能力已达 1000t/d。采矿方法主要采用分段矿房法和浅孔留矿法，采矿工艺为先采矿房后采矿柱流程，采空区采用强制爆顶或自然崩落两种。1 号平硐长 3400m，2002年 4 月开工，1 号盲斜井长 680m，2004 年 4 月 20 日施工。2 号平硐 2007 年 7 月开工，长 3050m，与 1 号平硐同高程平行布置。2 号盲斜井 2008 年 5 月开始施工，一期工程井下共施工 4 个中段，阶段高度 50m，四中段高程为 960m，开拓深度 285m。到 2008 年年底 2 号盲斜井投用后，采区可达到日采原矿 1000t 的采矿能力。采区坑口工业场设有矿石场、废渣场、三品库、配电室、空压站、材料库、维修车间、车库、磅秤房等配套设施及办公楼、职工公寓、职工食堂、浴室、工队宿办区等生活设施。

破碎工艺为两段一闭路破碎流程，磨矿为一段闭路磨矿工艺，磨矿细度为 −200 目占 70%。选矿采用浮选法，采用先铅后锌的优先浮选工艺流程。通过对生产工艺流程不断技改、调试和完善，2007 年生产量从最初的 200t/d 提高到 500t/d，各项生产技术指标均达到或超过设计要求。2009 年，选厂技改扩建后生产能力可达 1000t/d。选厂设有化验室、高低压配电室、材料库、药剂库、维修车间、精品库磅秤房、水站等附属设施及办公楼、食堂等基础设施。尾矿库修筑了回水池和集水池，安装了水泵，尾矿水循环利用，基本实现了零排放。

矿部位于留凤关村，建有办公楼、职工公寓、综合楼、职工食堂和浴室、健身房和舞厅等生活娱乐设施，设置有矿长办公室、总工程师办公室、安全科、保卫科、财务科、人事科、材料设备科、总务科等矿山职能部门。厂区平面布置图如图 1-2 所示。

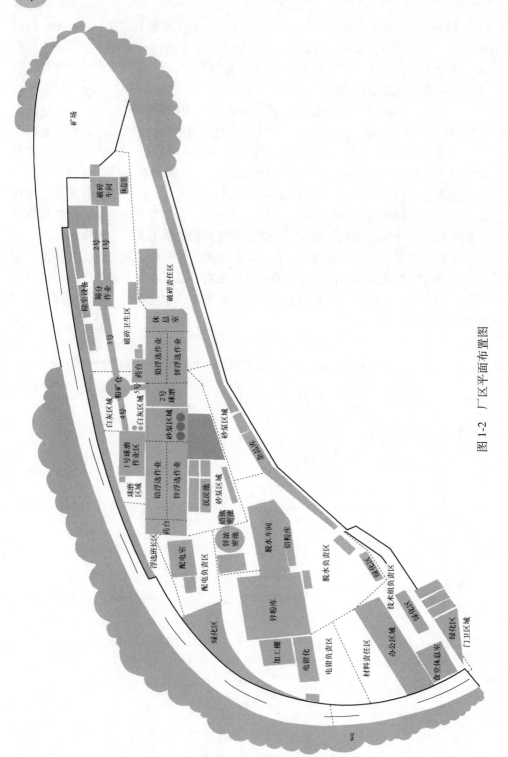

图 1-2　厂区平面布置图

矿物加工工程专业实习记录表

姓名		学号		班级	
联络电话				E-mail	
实习岗位				企业实习指导老师	
实习形式		集中实习（　　）		分散实习（　　）	
学院指导教师				指导形式	
日期		学习内容		学习心得体会	

续表

日期	学习内容	学习心得体会

学生提问:	老师指导意见:
签名:	日期:

企业指导教师评价: 签名: 日期:	学院指导教师评价: 签名: 日期:

注：此表格每日填写，一个实习岗位汇总一次，并由负责的专业教师根据企业指导教师评价给出百分制的评分。

2 矿区地质及矿石性质简介

2.1 矿区区域地质概况

凤太多金属矿集区所处秦岭多金属贵金属成矿带中部，华北板块南缘与杨子板块结合部位，是秦岭地轴的一部分，与西部的西城多金属（贵金属）矿集区和东部的镇旬、山柞多金属（贵金属）矿集区共同构成著名的秦岭多金属（贵金属）成矿带。沉积的是一套中、上统的近海相—陆相碳酸盐岩和碎屑岩，经构造运动，均经过不同程度的变质，形成目前这种浅变质岩相。其总体构造表现为一系列近东西走向密切排列的紧闭褶皱构造和断裂。在凤太矿集区分布一系列泥盆系的海盆，每个海盆沉积着不同规模的铅锌矿床，凤太矿田自北向南可划分七个成矿带，本矿床就分布在矿田最南边的铅硐山—铜牌沟成矿带的西部。

凤太矿田主要矿种为 Pb、Zn，其次是 Au，其他尚有 Cu、Ag、Fe、W、Ni、Sb 等。已探明大型铅锌矿床 4 处，中型 2 处，大型金矿床 2 处。

铅锌含矿层由于受褶皱作用而重复出现，形成了六条平行的铅锌成矿带。东塘子铅锌矿床则位于矿田南侧的水柏沟—谭家沟铜铅锌多金属成矿带的西部南侧。

迄今，矿田已探明铅锌金属储量约 5000kt，银金属量约 2000t。根据成矿条件分析，该区找矿前景广阔。

2.2 矿床地质

西北有色地质勘查局东塘子铅锌矿矿区中心点地理坐标为东经 106°38′03″，北纬 33°51′56″。矿区长 0.414km，宽 0.48km，面积 0.1989km²。

2.2.1 地层

区内主要出露一套中、上泥盆统的区域浅变质碳酸盐岩和泥质碎屑岩。按层序由新到老依次为：第四系全新统（Q_4）、上泥盆统星红铺组第二岩性段第一层（D_3x_{12}）绿泥千枚岩、上泥盆统星红铺组第一岩性段（D_3x_1）铁白云质绢云千枚岩、含碳钙质绢云千枚岩、中泥盆统古道岭组（D_2g）含碳生物微晶灰岩。赋矿层位为古道岭组顶部生物灰岩与星红铺组底部炭质千枚岩接触界面。

2.2.2　构造

矿区构造形态简单，格架清楚，主要由铅硐山背斜组成，断裂构造主要为走向断层及北西向斜断层。

铅硐山背斜：位于矿区中部偏北。由于背斜向北西西向倾伏，地表出露的核部地层各地不一，由东向西依次出露古道岭组（D_2g）灰岩，星红铺组下岩段（D_3x_{11}）第一层千枚岩夹灰岩，第二层（D_2x_{21}）铁白云质绢云千枚岩。在背斜转折端部位，由南、北两枝次级背斜和中间的次级向斜构成一"M"型复式背斜。

北枝背斜：发育在铅硐山背斜转折端的北侧，为一近直立的倾伏背斜。北翼产状：走向262°，倾向北，倾角60°~79°；南翼产状：走向295°，倾向南西，倾角72°。轴面产状：走向285°，倾向北北东，倾角84°。背斜脊线倾伏方向288°，倾伏角38°。

总之，铅硐山背斜北翼正常，南翼东段倒转或直立，西段趋于正常。总体为一轴面近于直立，向西倾伏的"M"型复式背斜。在南枝背斜翼部及鞍部赋存Ⅱ号主矿体；在北枝背斜的鞍部和南翼赋存Ⅰ号矿体。

东塘子铅锌矿床属热水喷流沉积—改造型铅锌矿床，主要由Ⅱ号和Ⅰ号矿体组成。矿床严格受铅硐山—东塘子复式背斜控制。Ⅱ号矿体产于铅硐山—东塘子复式背斜南枝背斜鞍部和两翼；Ⅰ号矿体产于北枝次级背斜的两翼及鞍部。两矿体均赋存于星红铺组千枚岩与古道岭组灰岩接触带上。在水平面上，其形态呈"M"状。

2.2.3　围岩蚀变

围岩蚀变主要发育于矿（化）体内部，而矿体上、下盘围岩蚀变弱或无，只局限于距矿体0~5m范围内。主要蚀变类型有硅化，其次为铁白云石化、（铁）方解石化、黄铁矿化等，与成矿关系十分密切。

2.2.4　矿床形态和储量

目前工程已经控制到780m标高，控制矿体水平长600m。单工程平均品位，Pb波动于0.75%~2.34%，平均1.53%；Zn波动于1.53%~9.68%，平均7.65%；Pb+Zn品位9.18%。矿体产状：走向293°~310°，侧伏角为25°。

矿田已探明铅锌金属储量约5000kt，银金属量约200t。根据成矿条件分析，该区找矿前景广阔（见表2-1）。

表 2-1 矿床储量估算表

级别	矿体号	矿石量/kt	平均品位/%		金属量/t		备注
			Pb	Zn	Pb	Zn	
121b	II	1299.4	2.04	10.02	26307	129499.9	1010m 标高以上
333	II	2281.3	1.94	8.64	43438	182198	1010m 标高以下
122	I	200	1.20	5.14	1531.98	6534.95	1010m 标高以上
合计		3487.4	1.96	9.5	68249.35	331407.86	74 线以东

2.3 矿石性质概况

（1）矿石矿物成分：

1）金属矿物：主要有闪锌矿、方铅矿、黄铁矿，次为黄铜矿、菱铁矿、黝铜矿、软锰矿、赤铁矿等，含少量毒砂、硫锑铅矿。其中闪锌矿占 5%～40%，方铅矿占 1%～10%。

2）脉石矿物：主要为方解石、铁白云石、白云石、石英，次为伊利石、绢云母、石墨、绿泥石、蒙脱石、有机碳等。

（2）矿石化学成分：

1）主要有益元素为铅和锌；矿床主元素平均品位 Pb 1.53%、Zn 9.18%，二者金属量比 Pb：Zn 为 1：6，二者紧密共生。

2）矿石伴生有益元素为金和银。伴生组分 Ag 平均含量为 0.23g/t，主要富集于方铅矿、闪锌矿中，具有工业回收利用价值。Au 平均含量为 19.49g/t，主要赋存于毒砂和部分黄铁矿中，含量少，规律性较差，难以回收利用。

3）矿石主要有害组分为砷、铁、硫，含量低，对矿石加工技术性能和效果无任何影响。

（3）矿石结构构造：

1）矿石结构：主要有草莓、环状、他形粒状、斑点状及交代网脉结构。

2）矿石构造：主要有层纹—条带状、浸染状、脉状及块状构造。

（4）矿石风（氧）化特征：矿石全部为原生矿石，无氧化矿石。

（5）矿石自然类型和工业类型：

1）矿石自然类型为：浸染状铅锌硫化矿石、条带状铅锌硫化矿石、脉状及块状铅锌硫化矿石。

2）矿石工业类型为：硫化物铅锌矿石。

（6）围岩蚀变。主要发育于矿（化）体内部，而矿体上、下盘围岩蚀变弱或无，只局限于距矿体 0～5m 范围内。主要蚀变类型有硅化，其次为铁白云石化、（铁）方解石化、黄铁矿化等，与成矿关系十分密切。

夹石特征：矿化连续完整，矿体内基本无夹石出现。

含矿岩石特征：组成矿体、矿化体的岩石从矿（化）体上盘至下盘，可分两大部分：

1）靠近矿体上盘一侧为硅质碳酸盐及泥质碎屑岩组成，含矿岩石为薄—极薄层含铅锌矿硅化灰岩，夹不含矿或少含矿的碳质钙质绢云千枚岩。

2）下盘一侧则为纯的硅质碳酸盐岩组成。含矿岩石为：薄—中厚层状、块状含铅锌硅化灰岩、含铅锌硅质岩、含铅锌硅化铁白云岩（硅质铁白云岩）及含黄铁矿铁白云岩，其次有含矿的方解石脉、石英脉、石英方解石脉等。

矿物加工工程专业实习记录表

姓名		学号		班级	
联络电话				E-mail	
实习岗位				企业实习指导老师	
实习形式		集中实习（　　　）		分散实习（　　　）	
学院指导教师				指导形式	
日期	学习内容			学习心得体会	

日期	学习内容	学习心得体会

学生提问：	老师指导意见：
签名：	日期：
企业指导教师评价： 签名： 日期：	学院指导教师评价： 签名： 日期：

注：此表格每日填写，一个实习岗位汇总一次，并由负责的专业教师根据企业指导教师评价给出百分制的评分。

3 破碎筛分车间

3.1 破碎筛分车间简介

3.1.1 作业制度

选矿厂的工作制度可分为连续工作制与间断工作制。连续工作制是每年工作365d，每天3班，每班8h。间断工作制是每年工作天数等于365d减掉一年中的节假日，每天班数有1班、2班或3班不等，每班工作8h。

问题：你实习的矿山破碎筛分车间采用的是什么作业制度？

例：陕西某铅锌矿矿业破碎车间的作业制度为连续作业，采用四班人马三班倒的工作方式，每班工作3~4h。

3.1.2 工艺流程

破碎筛分流程一般包括破碎、预先筛分和检查筛分作业，必要时还包括洗矿或预选作业。一个破碎作业与一个筛分作业组成一个破碎段，各破碎段组合构成破碎筛分流程。

破碎筛分作业的任务是为磨矿作业提供合适的给矿粒度。破碎段数取决于原矿最大粒度与破碎最终产物的粒度（总破碎比），以及破碎机的性能。

原矿的最大粒度在选矿厂通常有原矿仓上面设置的格筛来限制，格筛上的少量过大矿块通常由人工破碎至合格矿块。破碎最终产品粒度通常由球磨机给矿粒度决定。

各种常用破碎机的破碎比范围见表3-1。

表3-1　常用破碎机破碎比范围

破碎段	破碎机形式	工作条件	破碎比范围
第1段	颚式破碎机或旋回破碎机	开路	3~5
第2段	标准圆锥破碎机	开路	3~5
第3段	中型圆锥破碎机	闭路	4~8
第4段	短头圆锥破碎机	闭路	4~8

　　筛分作业可分为预先筛分与检查筛分，预先筛分可预先筛除细粒，防止矿石过粉碎，相应提高破碎机的生产能力。预先筛分常用于处理易碎性矿石。安装预先筛分会增加厂房高度和基建投资。当粗细碎生产能力有富余及采用旋回破碎机时，可不设预先筛分。

　　检查筛分用于控制破碎产品的粒度。由于各种破碎机排矿产物中含有较多大于排矿口的过大颗粒，为使破碎最终产物达到合格粒度要求，一般将检查筛分与破碎筛分组合构成闭路。

　　破碎流程可能的单元流程基本形式如图 3-1 所示。图 3-1（a）仅有破碎作业；图 3-1（b）由预先筛分和破碎作业组成；图 3-1（c）由检查筛分与破碎作业组成；图 3-1（d）和图 3-1（e）由预先筛分和检查筛分组成。前两种为开路破碎流程，后三种为闭路破碎流程。

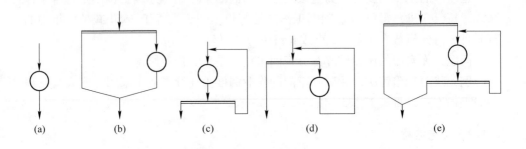

图 3-1　单元破碎流程图
（a）破碎流程；（b）带预先筛分的开路破碎流程；（c）带检查筛分的破碎流程；
（d）预先筛分与检查筛分合并的破碎流程；（e）预先筛分与检查筛分分开的破碎流程

　　问题：你实习的选矿厂的总破碎比是多少？画出破碎筛分工艺流程图，并加以描述。

　　例：陕西某铅锌矿矿业破碎车间采用第二段预先筛分与检查筛分合并的两段一闭路的破碎方式。

　　矿石进入原矿仓前采用格筛预先筛分，筛下产品进入原矿仓，原矿仓中的矿石经电磁振动给矿器进入颚式破碎机粗碎；粗碎产品经 1 号皮带进入双层振动筛筛分，筛上产品返回圆锥破碎机进行细碎，细碎产品也经 1 号皮带进入双层振动筛进行筛分，筛下产品经 2 号皮带运送到粉矿仓。

　　格筛筛孔为 350mm，颚式破碎机排矿粒度为 50mm，圆锥破碎机排矿粒度为 12mm。粗碎破碎比为 7，细碎破碎比为 4 左右，总破碎比为 29。工艺流程图如图 3-2 所示。

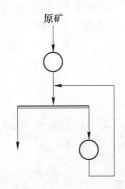

图 3-2　破碎工艺流程图

3.2　车间设备

3.2.1　破碎筛分设备

3.2.1.1　破碎设备

A　颚式破碎机

颚式破碎机应用范围广，大中小型选矿厂均可选用。其主要优点：构造简单、重量轻、价格低廉、便于维修和运输、外形高度小、需要厂房高度小；工艺方面，颚式破碎机工作可靠、调节排矿口方便、破碎潮湿矿石及含黏土较多的矿石不易堵塞。主要缺点是衬板易磨损，产品力度不均匀且过大块较多，并要求均匀给矿，需设置给矿设备。

颚式破碎机的工作部分是两块颚板，一块是固定颚板（定颚），垂直（或上端略外倾）固定在机体前壁上，另一块是活动颚板（动颚），位置倾斜，与固定颚板形成上大下小的破碎腔（工作腔）。活动颚板对着固定颚板做周期性的往复运动，时而分开，时而靠近。分开时，物料进入破碎腔，成品从下部卸出；靠近时，装在两块颚板之间的物料受到挤压，弯折和劈裂作用而破碎。

颚式破碎机按照活动颚板的摆动方式不同，可以分为简单摆动式颚式破碎机（简摆颚式破碎机）与复杂摆动式颚式破碎机（复摆颚式破碎机）两种。

a　简摆颚式破碎机原理

动颚悬挂在心轴上，可做左右摆动。偏心轴旋转时，连杆做上下往复运动，带动两块推力板也做往复运动，从而推动动颚做左右往复运动，实现破碎和卸料。此种破碎机采用曲柄双连杆机构，虽然动颚上受有很大的破碎反力，而其偏心轴和连杆却受力不大，所以工业上多制成大型机和中型机，用来破碎坚硬的物料。此外，这种破碎机工作时，动颚上每点的运动轨迹都是以心轴为中心的圆弧，圆弧半径等于该点至轴心的距离，上端圆弧小，下端圆弧大，破碎效率较低，其破碎比一般为3~6。由于运动轨迹简单，故称简单摆动式颚式破碎机（如图3-3所示）。

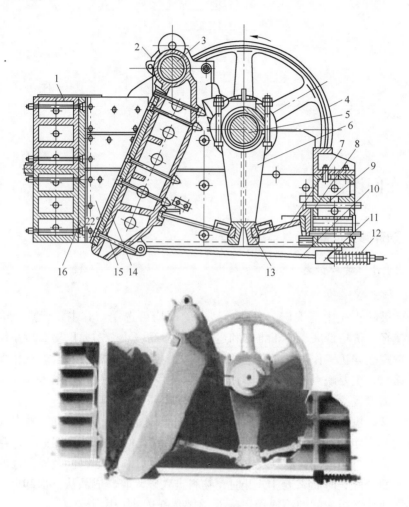

图 3-3　简单摆动式颚式破碎机

1—机架；2—动颚；3—动颚悬挂轴；4—飞轮；5—偏心轴；6—连杆；7—肘板；8—挡板；
9—后壁；10—拉杆；11—凸缘；12—弹簧；13—凹槽；14，16—衬板；15—侧壁衬板

简摆颚式破碎机结构紧凑简单，偏心轴等传动件受力较小。由于动颚垂直位移较小，加工时物料较少有过度破碎的现象，动颚颚板的磨损较小。

　　b　复摆颚式破碎机原理

动颚上端直接悬挂在偏心轴上，作为曲柄连杆机构的连杆，由偏心轴的偏心

直接驱动，动颚的下端铰连着推力板支撑到机架的后壁上。当偏心轴旋转时，动颚上各点的运动轨迹是由悬挂点的圆周线（半径等于偏心距），逐渐向下变成椭圆形，越向下部，椭圆形越偏，直到下部与推力板连接点轨迹为圆弧线。由于这种机械中动颚上各点的运动轨迹比较复杂，故称为复杂摆动式颚式破碎机（如图3-4所示）。

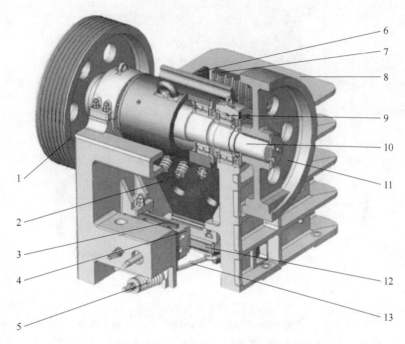

图 3-4　复摆式颚式破碎机结构图

1—皮带轮；2—动颚；3—调整垫片；4—肘板座；5—锁紧弹簧；6—边板；7—定颚；
8—机架；9—轴承；10—偏心轴；11—飞轮；12—肘板；13—拉杆

复摆式颚式破碎机与简摆式相比较，其优点是：质量较轻，构件较少，结构更紧凑，破碎腔内充满程度较好，所装物料块受到均匀破碎，加以动颚下端强制性推出成品卸料，故生产率较高，比同规格的简摆颚式破碎机的生产率高出20%～30%；物料块在动颚下部有较大的上下翻滚运动，容易呈立方体的形状卸出，减少了像简摆式产品中那样的片状成分，产品质量较好。

B　圆锥破碎机

圆锥破碎机生产可靠、破碎力大、处理量大，在选矿厂得到广泛应用。圆锥破碎机适用于普氏硬度 f 为 5～16 的各种矿石和岩石的中、细碎。

圆锥破碎机结构由架体、调整装置、调整套、破碎锥、传动和偏心套等主要部分及电气、润滑等辅助部分组成（如图3-5所示）。圆锥破碎机工作时，电动机通过伞齿轮驱动偏心套转动，使破碎锥做旋摆运动。破碎锥时而靠近又时而离开固定锥，完成破碎和排料。

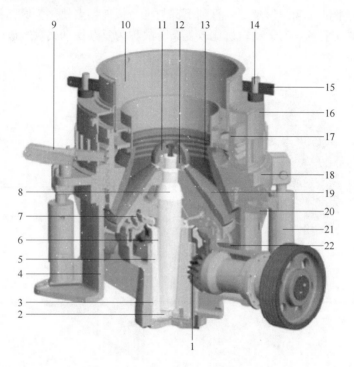

图 3-5　圆锥破碎机结构图

1—大小齿轮；2—上推力板；3—机架衬套；4—机架；5—偏心套；6—主轴衬套；
7—碗形瓦；8—主轴；9—推动缸；10—给料斗；11—分料盘；12—锁紧螺母；
13—轧臼壁；14—调整杆；15—调整楔块；16—调整帽；17—调整套；
18—支撑套；19—破碎壁；20—导销；21—释放缸；22—护板

圆锥破碎机在不可破异物通过破碎腔或因某种原因机器超载时，圆锥破碎机弹簧（液压）保险系统实现保险，排矿口增大，异物从破碎腔排出。异物排除后，圆锥破碎机在弹簧（液压）的作用下，排矿口自动复位，圆锥破碎机恢复正常工作。破碎腔表面铺有耐磨高锰钢衬板。排矿口大小采用手动或液压进行调整。

3.2.1.2　筛分设备

选矿厂常用的筛分设备有：振动筛、固定筛、滚轴筛、圆筒筛和细筛等。

A　振动筛

自定中心振动筛与惯性振动筛的主要区别在于，惯性振动筛的传动轴与皮带轮轴是同心安装的，而自定中心振动筛的传动轴与皮带轮轴不同心。

惯性振动筛在上料过程中，当皮带轮和传动轴的中心线作圆周运动时，筛子

随之以振幅 A 为半径作圆周运动，但装于电动机上的小皮带轮中心的位置是不变的，因此大小两皮带轮中心距将随时改变，引起皮带时松时紧，皮带易于疲劳断裂，而且这种振动作用也影响电动机的使用寿命。为了克服这一缺点，出现了自定中心振动筛。

自定中心振动筛与惯性振动筛不同的是皮带轮中心位于轴承中心与偏心重块的重心之间。主轴是在与筛箱相连的轴承中转动，主袖的偏心距为 r，等于筛箱在正常工作时的振幅 A。当电动机带动皮带轮使主轴转动时，由主轴偏心所产生的离心惯性力是加在筛箱振动系统的内力，带动筛箱绕系统的重心做圆运动。偏重轮偏心重块的质量，应该保证它们所产生的离心惯性力能够平衡筛箱旋转时所产生的离心惯性力。使皮带轮中心在空间不发生位移的条件是筛箱旋转（回转半径等于主轴的偏心距）产生的离心惯性力与偏心重块所产生的离心惯性力大小相等，方向相反，此时达到动力平衡。筛箱绕轴线做圆运动，振幅 $A=r$，所以不管筛箱和主轴在运动中处于任何位置，皮带轮的中心始终与振动中心线重合，其空间位置不变，从而实现皮带轮"自定中心"，使大小两皮带轮的中心距保持不变，消除了皮带时松时紧的现象。振动筛工作原理示意图如图 3-6 所示，自定中心振动筛工作原理示意图如图 3-7 所示。

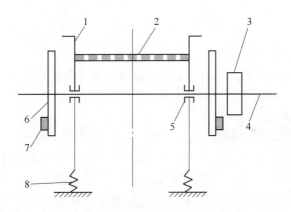

图 3-6　振动筛工作原理示意图
1—筛箱；2—筛网；3—皮带轮；4—主轴；5—轴承；
6—偏重轮；7—重块；8—板簧

B　固定筛

固定筛有格筛和条筛两种类型。

格筛一般用于原矿受矿仓或粗破碎矿仓上部，用以控制原矿粒度，通常水平安装。

条筛用于粗碎或中碎前的预先筛分，筛孔一般不小于 50mm。安装在破碎机

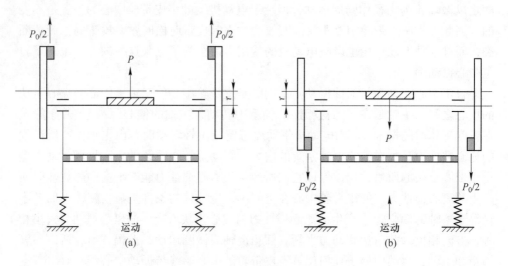

图 3-7 自定中心振动筛工作原理示意图

（a）筛箱向下运动；（b）筛箱向上运动

前的条筛同时起流槽作用，其倾角一般为 $40° \sim 50°$。

3.2.2 辅助设备

3.2.2.1 矿仓

矿仓的主要作用是调节缓冲选矿厂内各作业工作制度和矿石供应量不均衡的矛盾；保证维护、检修和生产的正常运行，提高设备作业率，提供物料分配、转运和中和混匀的作用。

矿仓类型按其结构分为地下式、半地下式、地面式、高架式、抓斗式和斜坡式等；按其平面几何形状还可分为圆形、方形和矩形。一般采用圆形截面较多，因为圆形矿仓受力均匀，节省建筑材料，比同容积的其他形式矿仓可节省钢筋混凝土 1/3 左右。方形与矩形截面多用于分配或缓冲矿仓。矿仓底部有平底、锥底、抛物线形等。圆形平底结构简单、造价低，但死角大，需多设排矿口，圆的直径一般为 $4 \sim 15m$。

3.2.2.2 带式输送机

带式输送机是一种摩擦驱动以连续方式运输物料的机械，主要由机架、输送带、托辊、滚筒、张紧装置、传动装置等组成。带式输送机主要由两个端点滚筒及紧套其上的闭合输送带组成。带动输送带转动的滚筒称为驱动滚筒（传动滚筒）；另一个仅在于改变输送带运动方向的滚筒称为改向滚筒。驱动滚筒由电动机通过减速器驱动，输送带依靠驱动滚筒与输送带之间的摩擦力拖动。驱动滚筒一般都装在卸料端，以增大牵引力，有利于拖动。

常用的有橡胶带和塑料带两种。橡胶带适用于工作环境温度-15℃～40℃之间，物料温度不超过50℃，超过50℃以上可以选用耐高温输送带。向上输送散粒料的倾角12°～24°。对于大倾角输送可用裙边带。塑料带具有耐油、酸、碱等优点，但对于气候的适应性差，易打滑和老化。带宽是带式输送机的主要技术参数。

托辊有槽形托辊、平形托辊、调心托辊、缓冲托辊。槽形托辊（由3个辊子组成）用以输送散粒物料；调心托辊用以调整输送带的横向位置，避免跑偏；缓冲托辊装在受料处，以减小物料对输送带的冲击。

滚筒分驱动滚筒和改向滚筒。驱动滚筒是传递动力的主要部件，分单滚筒（胶带对滚筒的包角为210°～230°）、双滚筒（包角达350°）和多滚筒（用于大功率）等。

张紧装置的作用是使输送带达到必要的张力，以免在驱动滚筒上打滑，并使输送带在托辊间的挠度保证在规定范围内，包含螺旋张紧装置、重锤张紧装置、车式拉紧装置。

问题： 实习选矿厂破碎车间的主要设备及辅助设备有哪些？

例 陕西某铅锌矿选矿厂破碎车间的主要设备及辅助设备见表3-2。

表3-2 破碎车间设备表

设备名称	类 型	规格型号	数量	其他
电磁振动给矿器	辅助设备	GZ7	1台	—
复摆颚式破碎机	主要设备	C80	1台	—
液压圆锥破碎机	主要设备	GP100	1台	—
干式电磁除铁器	辅助设备	—	1台	—
除尘系统	辅助设备	—	1套	—
起重机	辅助设备	5T	1套	—
格筛	辅助设备	300×300	1套	—
自定中心振动筛	主要设备		1台	
皮带	辅助设备	—	3条	

3.2.3 破碎筛分厂房设备配置

3.2.3.1 厂房设备配置原则

厂房设备配置原则应符合工艺流程原则，充分利用物料的自流条件，尽量促成自流，确定合理的自流坡度，确保矿流通畅，调整方便。

合理划分生产系统，平行的各系统中完成同一作业的设备或机组配置要有同一性。尽量集中布置在同一区域的同一标高上，当某个系列发生故障时，运转的平行系统能平均承担其负荷。附属设备应尽量布置在主机附近，其位置、检修场地面积要合适，满足工艺要求，便于操作维护。

尽量做到机组的合理配置，缩短机组之间的物料输送距离，在确保操作、维护、设备部件拆装和吊运的条件下，合理利用厂房面积和空间容积，减少不必要的高差损失。

要配置位置适当的检修场地、合理吨位的吊车，厂房高度要满足设备或最大件吊运的需要，所经由的门、安装孔等的位置、尺寸要考虑到吊运方便，其尺寸一般大于过件的最大外形尺寸 400~500mm。

厂房内各管道系统要合理分配走向，不得妨碍操作和行走，其架空高度便于人员通行。

设备配置要留出物料流的取样、计量、检测装置所需要的位置和高差。

必须充分考虑安全、劳保、卫生规定的要求，所有高出地面 0.5m 的行走通道和操作平台以及低于 0.5m 的地坑，均应设栏杆；暴露外界的传动部件应设防护罩；要有合理完善的排污、通风除尘系统和设施，各跨间的地面和地沟坡度应既便于行走又便于污水排放到污水池和事故沉淀池中。

3.2.3.2　破碎厂房设备配置

本部分内容在生产实习过程中，学生应结合本选矿厂具体情况阅读。

破碎厂房设备配置应满足破碎工艺流程的要求。破碎流程由破碎比来决定，常用的破碎流程有两段开路破碎流程、两段一闭路破碎流程、三段开路破碎流程、三段一闭路破碎流程。

A　两段开路破碎厂房设备配置

a　在同一厂房里

选矿厂规模小，设备规格小、台数少并有适宜坡度时，可将两段破碎设备配置在同一厂房里。如图 3-8 所示，第一机组由原矿仓、给矿机、条筛及颚式破碎机组成，筛下物料和破碎机排矿由集矿胶带输送至第二机组；第二机组由振动筛、圆锥破碎机组成，筛下物料与破碎机排料由集矿胶带输送机运至粉矿仓。两段开路破碎工厂房配置图如图 3-8 所示。

b　在两个厂房里

如图 3-9 所示，两个破碎机组分厂房布置，两个机组拉开的距离较长，在充分利用地形的情况下沿坡地纵向布置，土石方量较少，厂房结构可以简单，造价低，但不便于联系。如果场地具有适宜陡坡地形也可以布置在同厂房内。当两端破碎机的台数为 1 对 2 时，两个机组沿坡地拉开，分别呈独立厂房，也是可

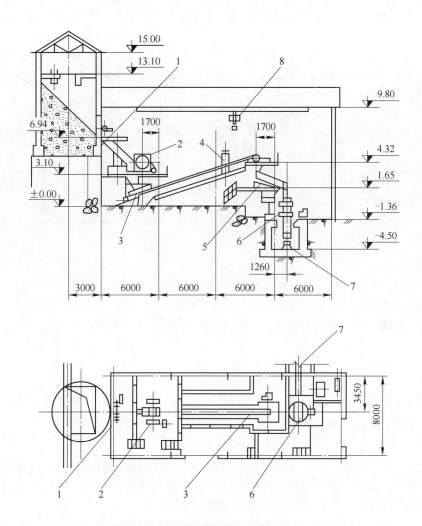

图 3-8 两段开路破碎工厂房配置图

1—3B 锁链给矿机；2—400×600 颚式破碎机；3，7—B500 胶带输送机；4—Φ700 悬垂磁铁；
5—1250×2500 万能吊筛；6—Φ900 中型圆锥破碎机；8—3t 电动葫芦

以的。

B 两段一闭路破碎厂房设备配置

a 在同一个厂房里

如图 3-10 所示，两个破碎机组靠近配置在厂房的一端，闭路筛子机组配置在厂房的另一端。原矿仓利用地形建在最高处，原矿仓上缘标高适于原矿供矿。将纵向坡地进行修整，两段破碎机组的排矿由集矿胶带输送机运至筛子机组，筛上物料由胶带输送机返回第二段破碎机组，筛下物料直接落入磨

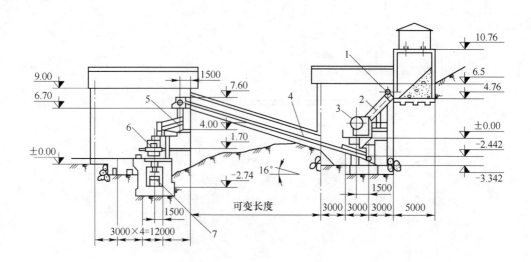

图 3-9　两段开路破碎分厂房配置图

1—3B 锁链给矿机；2—1150×2000 斜格筛；3—400×600 颚式破碎机；4—B500 胶带输送机；

5—1250×2500 万能吊筛；6—Φ1200 中型圆锥破碎机；7—B500 胶带输送机

矿仓。

　　b　闭路筛分厂房与碎矿厂房分开呈独立厂房

　　如图 3-11 所示，本配置与布置在同一厂房相比区别在于闭路筛子从碎矿厂房中独立出来，往返胶带输送机置于通廊中。

　　C　三段开路破碎厂房设备配置

　　很少选矿厂采用三段开路破碎，其配置与闭路破碎有很多共同点。配置形式有：粗碎呈独立厂房，中细碎配置在同一厂房里；粗碎、中碎、细碎各呈独立厂房或跨间相毗邻，沿坡地线呈阶梯式布置。

　　粗碎呈独立厂房的，一般都是大中型选矿厂，因为采用的旋回破碎机或颚式破碎机尺寸大、机体高、重量重，供矿块度大、振动力大，需分开布置。

　　D　三段一闭路破碎厂房设备配置

　　三段一闭路破碎流程在大、中型选矿厂中应用最为广泛，其厂房设备配置方案取决于同作业设备台数、设备外形尺寸、破碎筛分机组是合并还是分开、是全分开还是部分分开、是否有矿仓和筛分作业、呈单列配置还是双列配置等条件。常见的厂房配置有：

　　（1）粗中细碎设备呈直线布置在同一厂房里，闭路筛子呈独立厂房，如图3-12 所示。

　　（2）粗碎呈独立厂房，中细碎及闭路筛子配置在同一个厂房里。

　　（3）粗碎、中细碎、闭路筛子各设独立厂房。

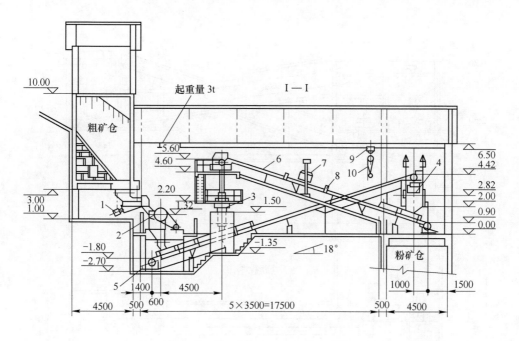

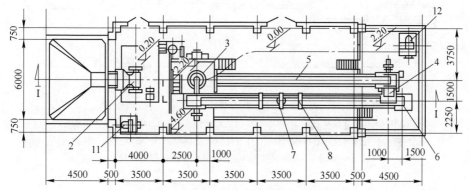

图 3-10 两段一闭路厂房设备配置图

1—DZ6 电磁振动给矿机；2—400×600 颚式破碎机；3—Φ600 中型圆锥破碎机；4—SZZ2 900×1800 自定
中心振动筛；5，6—5050 胶带输送机；7—MW1-6 悬垂磁铁；8—B＝500 金属探测器；
9—1t 电动单轨行车；10—1t 手拉葫芦；11—矩形水力除尘机组；12—矩形水力除尘机组

(4) 粗碎、中碎、细碎、闭路筛分全部分开各设独立厂房。

对于特大型选矿厂，由于中碎、细碎、筛分设备台数较多，为了改善生产作业工作环境，可采取第 (4) 种方案。厂房之间的物料全采用胶带输送机输送。中细碎及闭路筛分的机组上方均设有分配矿仓，由胶带移动卸料小车布料，设备呈单列配置。厂房外的胶带输送机均采用通廊遮蔽。

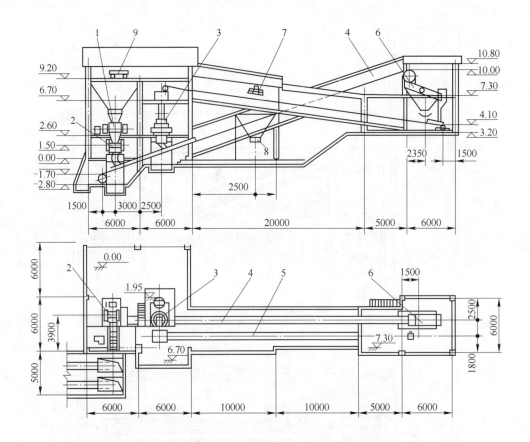

图 3-11　筛分厂房独立出来的两段一闭路厂房设备配置图

1—1200×4500 板式给矿机；2—400×600 颚式破碎机；3—φ1200mm 标准圆锥破碎机；

4，5—B650 胶带输送机；6—1250×4000 万能悬挂振动筛；7—B650 螺旋刮板卸料机；

8—500×500 双颚式扇形闸门；9—5t 手动单梁起重机

问题：（1）作出你所在选矿厂的设备联系图，并加以叙述。

（2）作出你所在选矿厂的设备配置图。

例：陕西某铅锌矿矿业原矿先经过 350mm×350mm 的固定格筛进行预先筛分，筛上产品进行人工破碎后再同筛下产品进入原矿仓。原矿仓中的原矿靠自重以及电磁振动给矿器给矿，进入颚式破碎机粗碎，粗碎产品经 1 号皮带运到振动筛处进行检查筛分，筛下产品经 2 号皮带运至粉矿仓，筛上产品经 3 号皮带运到圆锥破碎机进行细碎，破碎的产品同粗碎产品一同再经 1 号皮带运输到筛分机筛分，此处为全选厂第一处闭路。破碎阶段的给矿粒度为 350mm×350mm，入磨粒度 20mm×20mm，合格率不低于 95%。其设备联系图如图 3-13 所示，设备配置图如图 3-14 及图 3-15 所示。

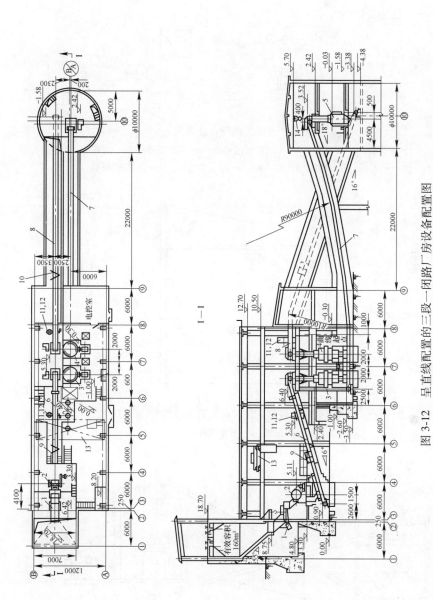

图 3-12 呈直线配置的三段一闭路厂房厂房设备配置图

1—DZ9 1500×2400 电磁振动给矿机；2—PEF600×900 颚式破碎机；3—φ1200 标准圆锥破碎机；4—φ1200 短头圆锥破碎机；5—ZD 1540 单轴振动筛；6—B650 1 号胶带输送机；7—B650 2 号胶带输送机；8—B650 3 号胶带输送机；9—B=800 金属探测器探测线圈；10—B=650 金属探测器探测线圈；11—除铁小车；12—MW1-6 悬挂磁铁；13—电动桥式起重机

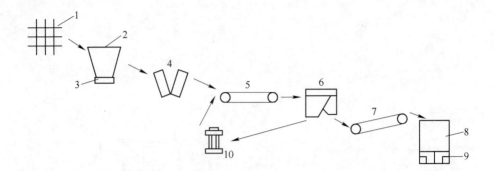

图 3-13　破碎工段设备联系图

1—隔条筛；2—给矿仓；3—电磁振动给矿器；4—颚式破碎机；5—皮带；
6—振动筛；7—皮带；8—粉矿仓；9—原盘给料器；10—圆锥破碎机

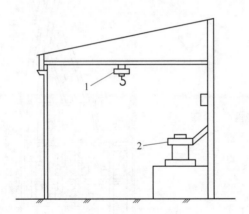

图 3-14　破碎工段设备配置侧视图

1—起重机；2—圆锥破碎机

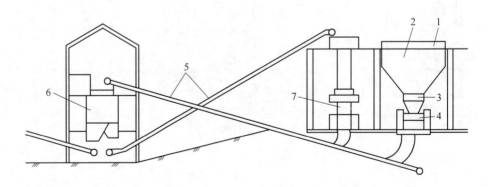

图 3-15　破碎工段配置正视图

1—隔条筛；2—给矿仓；3—电磁振动给矿器；4—颚式破碎机；5—皮带；6—振动筛；7—圆锥破碎机

3.3　车间规章制度及设备操作规程

3.3.1　GP100 液压圆锥破碎机安全操作规程

3.3.1.1　开机前的操作程序

启动前，清除所有用于运输的紧锁装置，并检查破碎机的状况、紧固所有的螺丝，并确保没有人站在可能受到伤害的区域；启动前检查破碎机的排矿口大小，保证排矿口调节范围在9~15mm 之间，给矿粒度不得大于破碎机允许的最大给矿粒度 87mm。

3.3.1.2　开机及运行中的操作程序

开启破碎机操作程序：（1）启动破碎机润滑装置，检查油温、油压及油流的安全装置是否正常。（2）启动排料皮带（1号带），润滑油回路工作正常后，启动破碎机，要保证破碎机工作正常且水平轴转向正确。（3）检查破碎机排料口，启动给料皮带（2号带）。

矿石应持续给入并充满破碎机的破碎腔，达到挤满给矿状态；当圆锥下料口堵塞时，应及时停止电磁振动机，停止粗碎给矿，等圆锥正常运转后再启动粗碎给料。GP100 圆锥破碎机空载电流 60A，负荷电流 120A，运转电流不得超过140A。每班检查润滑油箱的滤网，每班在规定的三处加入适量的润滑油。

3.3.1.3　停机的操作程序

停止破碎机操作程序为：（1）停给料皮带。（2）停破碎机。（3）停排料皮带。（4）停润滑装置。

只有在破碎机停机时才能检修破碎机，调整破碎机排矿口。

3.3.2　GZ7 电磁振动给矿机安全操作规程

3.3.2.1　开机前的操作程序

检查所有螺栓的紧固情况，尤其是弹簧板组的顶紧螺栓及铁网紧固螺栓是否拧紧；检查电源电压是否正常及控制器各开关与调节器是否处于关闭或零位；接收到开车指令后，应打铃进行确认，在确认无误之后方可开车。

3.3.2.2　开机及运行中的操作程序

先开颚式破碎机，再开振动给料机；接通电源，先开总电源开关，再开低压电源开关，保证电流不超过额定值；一般情况下，给料机不允许拉空，在料槽和料仓应保持一定的料量时，允许在额定电压下带负荷直接启动与停车；给料机会根据颚式破碎机的负荷自动开启或停止，操作工注意观察，保持均匀合理给矿；

运行中必须随时注意观察电流的稳定情况，若发现电流变动较大或电流限载警报时，必须首先停止给料并及时查明原因；给料机无负荷时不能长期以最大振幅运动；电源电压不得超过额定值，电流也不得超过给定值。

3.3.2.3　停机操作程序

先停给料机，后停颚式破碎机；先关控制器上低压电源开关，再关闭总电源开关。

3.3.3　C80 颚式破碎机安全操作规程

3.3.3.1　开机前的操作程序

启动前，检查设备的传动、安全防护是否正常，检查颚板、固定螺栓及各部件的紧固情况；启动前，检查破碎机润滑情况，确保没有人站在可能受到伤害的区域，确保破碎机上没有工具或机械障碍物，所有的接头和紧固件都已紧固好；启动前，检查破碎机排矿口大小，确保排矿口大于 55mm，保证破碎机在负荷内运转。

3.3.3.2　开机及运行中的操作程序

启动破碎机的操作程序为：（1）启动 1 号皮带。（2）启动电动机。（3）启动给料机。

根据给料配置均匀地将物料给入破碎机中，当破碎腔三分之二满时，破碎机的操作效率最高；每班必须在规定的四处加入适量的润滑油；C80 颚式破碎机必须空载启动。空载电流 60A，负荷电流 100~120A，运转电流不得超过 180A。轴承应有足够的润滑油，轴承温度不得超过 65℃，若超过此温度，要停车检查。调整破碎机排矿口时，要在停机的情况下调整，调整时要先松弹簧，再调楔块，两边楔块必须同时调整。

3.3.3.3　停机操作程序

破碎机停车的操作程序为：（1）停止给料机。（2）等待直到破碎腔清空。（3）停止电动机。（4）停止一号带。

只有在破碎机停车后才能检修破碎机，调整排矿口。

3.3.4　皮带运输机安全操作规程

3.3.4.1　开机前的操作程序

（1）检查传动装置，机头部分螺栓是否齐全、稳固。

（2）检查通讯信号是否畅通，操作按钮是否灵活可靠，确保周围无人作业。

（3）检查皮带滚筒减速机油箱中油量是否合适及有无漏油现象。

（4）检查皮带是否跑偏，上下托辊、立辊是否齐全，有没有磨损、清扫器是否正常。

3.3.4.2 运转中的操作程序

开机过程注意上下工序的联动，遇紧急事故，立即停机并发出信号；开动皮带运转一圈，仔细听运转声音是否正常，皮带张力是否合适，皮带是否跑偏，托辊是否转动，如有异常，立即停机处理；在任何情况下，不得用手或脚制止转动的传动设备。工作中要特别注意不要与皮带滚筒接触，以免衣服或头发等卷入滚筒发生意外。

经常注意滚筒的运转声音，如发现异常，立即停机检查处理；漏斗堵死时，应立即停机并汇报，采取安全可靠的措施予以疏通；经常检查皮带是否有跑偏、刮辊现象，检查皮带上下托辊转动是否灵活，皮带跑偏报警装置是否正常。

当皮带上矿量过大皮带超负荷时，要及时汇报班组长、工段长。（1）皮带工经常检查振动筛运转是否正常，清理皮带上的垃圾；（2）皮带工经常清理电磁除铁器吸附的铁质物，防止破碎机过铁，并及时清理皮带上的垃圾；（3）皮带工根据实际生产情况，做好粉矿仓物料前后口进料分配工作；停电时应立即切断电源。

3.3.4.3 停机操作程序

将皮带上的料运输干净后再停机，停机时先停止上道工作程序，再停皮带运输机；停机后才可进行检修和维护保养皮带运输机。

3.3.5 除尘系统安全操作规程

3.3.5.1 开机前的操作程序

检查空压机、风机、除尘机是否正常，检查设备的传动、安全防护是否正常；检查除尘风筒是否畅通，清除影响风筒工作的垃圾；检查螺旋除灰机、抽浆泵、搅拌桶等是否能正常工作。

3.3.5.2 开机及运行中的操作程序

启动除尘系统的操作程序：（1）启动空气压缩机。（2）空气压缩机达到一定气压后自动停机，开启脉冲仪表开关。（3）启动卸料器，启动螺旋除灰机。（4）开启风机。

勤观察风机、空气压缩机、电磁脉冲阀、气缸等在工作过程中有无异常声音，杜绝螺旋输送机反转，定时清灰并搅拌到一定浓度输送到车间。

3.3.5.3 停机操作程序

除尘系统停车的操作程序：（1）停止破碎系统。（2）停止主风机。（3）停止空气压缩机等压力泄完后，停止脉冲仪表。（4）停止螺旋除灰机及卸料器。

只有在除尘系统停机后才能检修相关设备，清理收尘口垃圾。

3.3.6　振动筛安全操作规程

3.3.6.1　开机前的操作程序

（1）检查振动筛所有螺栓的紧固情况。

（2）检查振动筛电机、三角带等传动设备是否正常。

（3）检查振动筛筛网是否正常，有无破损。

（4）检查激振器轴承润滑情况。

（5）开启除尘系统。

3.3.6.2　运转中操作程序

（1）启动圆振筛稳定后，方可加料进行筛分。

（2）运转中不得紧固筛板上的螺丝。

（3）运转中注意不要在皮带轮端随意走动。

（4）经常检查三角皮带的磨损情况。

（5）不要站在运转的振动筛上进行检查或修理。

3.3.6.3　停机操作程序

（1）停机时应先停止给矿，等筛网上矿石颗粒处理完后再停振动筛。

（2）切断电源，对振动筛及传动设施进行清洁清扫。

矿物加工工程专业实习记录表

姓名		学号		班级	
联络电话				E-mail	
实习岗位				企业实习指导老师	
实习形式		集中实习（ ）		分散实习（ ）	
学院指导教师				指导形式	
日期		学习内容		学习心得体会	

续表

日期	学习内容	学习心得体会

学生提问：	老师指导意见：
签名：	日期：

企业指导教师评价：	学院指导教师评价：
签名： 日期：	签名： 日期：

注：此表格每日填写，一个实习岗位汇总一次，并由负责的专业教师根据企业指导教师评价给出百分制的评分。

4 磨浮车间

4.1 车间简介

4.1.1 作业制度

磨浮车间一般采用连续作业制度，即每年 365d，每天 3 班，每班 8h。

问题：你实习的矿山磨矿浮选车间采用的是什么作业制度？

例：陕西某铅锌矿矿业磨矿和选矿的工作制度为连续工作制、四班三运转，每班每天工作 8h。

4.1.2 工艺流程

4.1.2.1 磨矿分级流程

磨矿分级的基本作业就是磨矿与分级。磨矿作业指球磨、棒磨、自磨、半自磨与砾磨，分级作业分为预先分级、检查分级和控制分级。磨矿与分级组合构成闭路，为闭路磨矿流程。磨矿不与分级作业构成闭路为开路磨矿流程。

A　各种分级作业的应用条件

预先分级的目的在于分出给矿中合格的粒级，从而相对提高磨矿机的处理能力；或预先分出矿泥和有害可溶性盐类，以利于分别处理，提高选别指标。一般第一段磨矿前很少用预先分级，只是在给矿粒度小于 6~8mm，合格粒级含量大于 15% 时才考虑采用。

检查分级的目的在于保证磨矿产物的粒度合格。将粗粒级返回磨矿机，增加磨矿机单位时间的矿石通过量，从而提高磨矿效率，减少矿石粉碎现象。一般磨矿作业均采用检查分级。

溢流控制分级的作用在于通过一段磨矿获得更细的溢流产品细度，或是在配合一段磨矿中实现阶段选别，即较粗粒级的溢流经选别后，其尾矿再经控制分级得到更细的溢流，溢流产物再选，粗粒产物返回再磨。生产中还有返砂控制分级，目的是降低返砂中的细粒级含量。

B　磨矿段数

磨矿段数受入选粒度的影响，可参照表 4-1。

表 4-1　选矿厂磨矿流程与产品细度的对应关系

入选粒度/mm	磨矿细度/%	磨　矿　流　程
0.2	55~65	一段闭路
0.15	70~80	两段全闭路
0.074	90	(1) 嵌布粒度均匀, 两段全闭路, 第二段增加溢流控制分级; (2) 嵌布粒度不均匀, 多段磨矿, 多段选别

4.1.2.2　浮选流程

A　单金属矿石浮选原则流程

单金属常用的矿石浮选流程有一段、二段浮选流程。

a　一段浮选流程

单金属浮选流程的选择, 主要取决于有用矿物的嵌布特性。一段浮选流程适宜处理粗粒嵌布和不易泥化的细粒均匀嵌布的矿石。该流程中磨矿的粒度范围较宽, 为 0.3~0.1mm。在此范围内, 浮选均可得到优质精矿及含有价成分很低的尾矿。为了减轻矿石一次通过磨机产生的过粉碎现象, 可将浮选循环中的连生体作为中矿返回再磨 (如图 4-1 (a) 所示)。当遇到处理含大量氧化变质矿物的矿石时, 矿石中风化产物及可溶盐类对浮选过程有不良影响, 可将大量含氧化物的矿泥分离出来, 进行泥、砂分别处理 (如图 4-1 (b) 所示)。

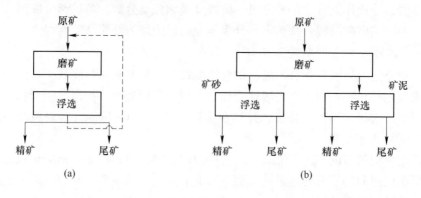

图 4-1　单金属一段浮选原则流程

b　两段浮选流程

两段浮选流程适宜处理不均匀嵌布的矿石和集合体嵌布的矿石。图 4-2 (a) 是再磨粗精矿的两段浮选流程, 可用来分选有用矿物包含在较大的集合体内的矿石。粗磨后即可分选出最终尾矿, 粗精矿再磨再选可得出最终精矿。也可以用图 4-2 (b) 流程来处理, 一段浮选出的粗精矿和中矿分别再磨再选, 分别得出精和尾矿，这种流程能得到较高的分选指标。图4-2（c）是再磨富尾矿的两段浮选流程，它适宜处理不均匀嵌布的矿石，粗磨时先将已经单体解离的有用矿物作为最终精矿，富尾矿再磨再选。当粗磨可得到部分最终精矿和废弃尾矿时，采用图4-2（d）流程的中矿再磨再选流程。

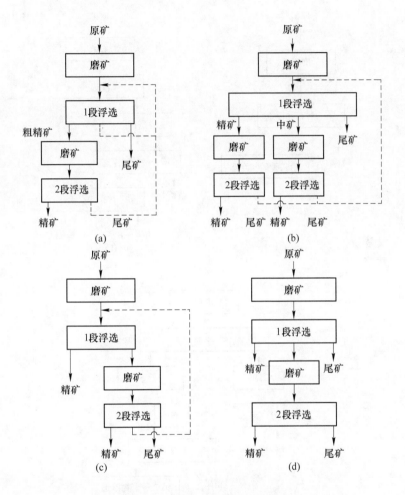

图 4-2 单金属两段浮选原则流程

B 多金属矿浮选流程

选别含两种以上有用矿物的矿石时，矿物嵌布粒度对流程的影响与单金属相同，但在浮选循环上由于各有用矿物的可浮性、含量的差异而有所区别。

选别流程一般有优先浮选、混合浮选后分离浮选和优先混合浮选兼有的选别流程（如图4-3所示）。铅锌矿一般有铅、锌依次的优先浮选；或铅锌混合浮选得混合精矿，混合精矿再磨再选得铅精矿和锌精矿。对于一些难选的铅锌矿，其中闪锌矿和方铅矿均有难浮与易浮两种，这种矿石用直接优先浮选流程和混合浮选流程选别都难得到满意的结果，可以采用分别混合浮选流程处理（如图4-3（c）所示）。第一次混合浮选先将容易浮出的两种金属矿物浮起，进行分离；第二次混合浮选将其余的两种金属矿物尽可能多的浮选上来，然后分离浮选。

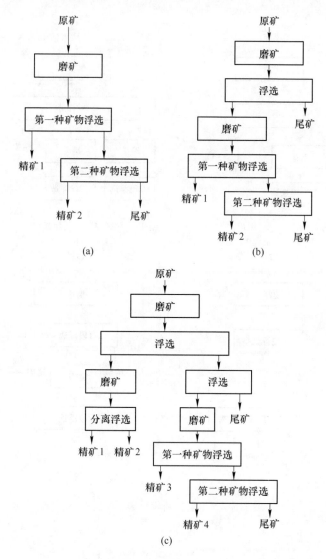

图4-3 多金属矿浮选流程

优先浮选和混合浮选有以下特点：

（1）混合浮选磨矿细度比直接优先浮选粗，可先分选出大部分废弃脉石矿物，少数混合精矿进入下段磨矿与浮选，可节省磨矿、浮选设备和磨矿费用。

（2）混合浮选比直接优先浮选节省浮选药剂。

（3）优先浮选生产操作容易，精矿品位有保证。

多金属矿石浮选流程原则应用条件：

（1）浮选主要由铜、铅、锌、铁的硫化物组成的矿石，有色金属含量6%~15%，硫化物总含量75%~90%，脉石含量小于20%，可直接优先浮选。

（2）浮选含少量有色金属的高硫化矿和浸染状矿石（有色金属含量不大于3%~4%），可用混合浮选后分离浮选的流程。

（3）浮选含有大量有色金属浸染状多金属矿石，若矿石中有用矿物呈粗粒嵌布，可用直接优先浮选流程；有用矿物呈细粒嵌布，以混合浮选后分离浮选流程为佳。

C　原则流程中各浮选循环的内部结构

浮选的原则流程只表明了选别过程中矿石粒度的变化及得出最终产品的部位，而对影响产品质量的浮选循环内部结构问题尚未解决。每个浮选循环都是由粗选、精选、扫选构成，精选和扫选次数主要取决于矿石中有用矿物含量的高低、对精矿质量的要求及有用矿物和脉石矿物的可浮性。

当矿石中有用矿物含量高，对精矿质量要求不高时，为提高精矿回收率可采用粗选后得最终精矿，尾矿进行一次或多次扫选的流程；对于矿石中有用矿物可浮性差，对精矿质量要求不高时，同样可采用无精选而增加扫选的流程；有用矿物可浮性好，原矿品位低、对精矿质量要求高的矿石，应增加精选次数。

中间产物的返回地点可根据矿物可浮性的难易程度、对精矿质量的要求、连生体的性质以及中间产物的产率和浓度，确定将其返回再选或单独处理。

问题：你实习的矿山磨矿浮选车间的工艺流程是什么？画出工艺流程图

例：陕西某铅锌矿矿业磨矿分级作业采用一段一闭路的磨矿方式（如图4-4所示），磨矿细度为-200目含量在65%~70%。

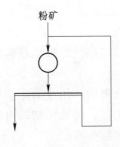

粉矿

图4-4　磨矿工艺流程图

磨浮作业共有两个工段，一工段采用自吸机械搅拌式浮选机，二工段采用充气式浮选机。浮选则采用优先浮选法。根据铅锌硫化矿性质不同，优先浮选方铅矿。浮选时采用方铅矿一粗三精三扫，闪锌矿采取一粗二精三扫的流程。浮选工艺流程图如图 4-5 所示。

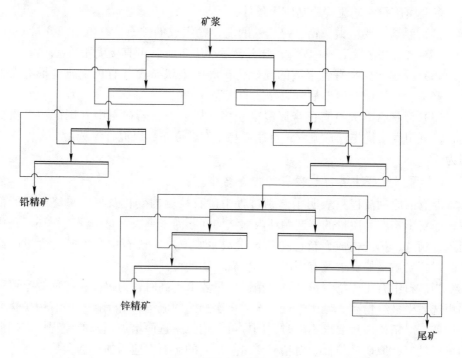

图 4-5　浮选工艺流程图

4.2　浮选药剂

浮选过程中需要加入一些药剂，浮选药剂通常可分为捕收剂、抑制剂、活化剂、pH 调整剂、起泡剂，除此以外还有分散剂和絮凝。在多金属矿选矿中，前五种药剂是经常用到的。

捕收剂通常由亲气的疏水基与亲气的极性基构成，用以增强矿物的疏水性和可浮性。

活化剂用以促进矿物和捕收剂的作用或消除抑制作用。

抑制剂用以增大矿物的疏水性，降低矿物的可浮性。

起泡剂用以提高气泡的稳定性和寿命。

pH 调整剂用以调节矿浆的酸碱度。

分散剂与絮凝剂用以分散或絮凝矿泥。

药剂制度包括药剂种类、用量及加药地点。药剂制度可用表格表示。下面以某铅锌矿的药剂制度、药剂使用注意事项为例。

4.2.1 药剂制度（一工段）

磨浮一工段药剂制度见表4-2。

表4-2 磨浮一工段药剂制度

药剂		加药地点	用量
种类	名称		
捕收剂	A	1号搅拌桶，Pb扫一、扫二处	以2%的碳酸钠水溶液稀释，配成＊%固体含量的溶液；1＊＊kg/班·1号系列；1号搅拌桶：扫选＝7:3
	B	Pb扫一处	
	C	3号搅拌桶，Zn扫一、扫二处	＊＊kg/班·系列，＊＊%的溶液
起泡剂	2号油	1号搅拌桶，Pb扫一、扫二前，3号搅拌桶，Zn扫一处	＊＊kg/班·系列
抑制剂	硫酸锌	Pb精三处，球磨机前	＊＊kg/班·系列，浓度为＊＊%（2号系列）
	D	2号搅拌桶	＊＊kg/班·系列，浓度为＊＊%
	E	Pb精二处，Zn精二处	＊＊kg/班·系列，浓度为＊＊%
介质调整剂	F	不单独使用本品，常将本品配成溶液来溶解A，以增加A的溶解度及分散程度	以＊＊%的碳酸钠水溶液稀释BK906
	白灰	Pb精三处，Zn粗选、精一、精二、扫一处	＊＊袋/h（50kg/袋）
活化剂	硫酸铜	2号搅拌桶，Zn扫一处	25～50kg/班·系列，浓度为1.17%

4.2.2 药剂制度（二工段）

磨浮二工段药剂制度见表4-3。

表4-3 磨浮二工段药剂制度

药剂		加药地点	用量
种类	名称		
捕收剂	A	1号搅拌桶，Pb扫一、扫二、扫三处	以＊＊%的碳酸钠水溶液稀释，配成＊＊%固体含量的溶液，＊＊kg/班

续表4-3

药　剂		加 药 地 点	用　量
种类	名称		
捕收剂	B	Pb 扫一、扫二前	
	C	Pb 扫二前，3 号搅拌桶，Zn 扫一、扫二处	＊＊kg/班，＊＊%的溶液
起泡剂	2 号油	1 号搅拌桶，Pb 扫一、扫二前，2 号搅拌桶，Zn 扫一、扫二、扫三前	＊＊kg/班·系列
抑制剂	硫酸锌	Pb 精一处，磨矿处	＊＊kg/班·系列，浓度为＊＊%（2 号系列）
	D	2 号搅拌桶	＊＊kg/班·系列，浓度为＊＊%
	E	Pb 精二、精三处，Zn 精一、精二处	＊＊kg/班·系列，浓度为＊＊%
介质调整剂	F	不单独使用本品，常将本品配成溶液来溶解 BK906，以增加 BK906 的溶解度及分散程度	以＊＊%的碳酸钠水溶液稀释 BK906
	白灰	Pb 精二、精三前，Zn 精二前	＊＊袋/h（50kg/袋）
活化剂	硫酸铜	2 号搅拌桶，Zn 扫一前	＊＊kg/班，浓度为＊＊%

4.2.3　药剂使用注意事项

4.2.3.1　捕收剂

（1）A（方铅矿的捕收剂）。有闪锌矿及黄铁矿存在时，用于对铅、铜矿物的浮选，对提高金、银浮选回收率也有较为显著的效果。A 溶解性较差，呈悬浮液使用，故要经常开启搅拌桶，防止管道堵塞。严格按用量比例加药，粗选量不足，会使大部分方铅矿不能上浮。

（2）B。对铅、铋、锑、铜等金属硫化物有较强的捕收能力，但对铁的硫化物捕收能力很弱。B 选择性比黄药强，在弱碱性介质中对黄铁矿的捕收能力尤其弱。B 浮选铅的适宜 pH 值要比黄药和黑药高，用量比黄药低，只是黄药用量的 1/2～1/5。

（3）C（硫化铁捕收剂）。本选厂用来选闪锌矿（经硫酸铜活化）。注意药剂 C 的密封，C 受潮会分解失去捕收作用；因 C 易水解而失效，故需随用随配；通常在碱性或弱碱性矿浆中使用。主要靠吸附于矿物表面使矿物疏水性增强，而使矿物上浮。用量过大，黄铁矿等脉石矿物受捕收；用量过小，闪锌矿无法充分上浮，影响锌精矿质量及回收率。

4.2.3.2　起泡剂

2 号油。2 号油能生成大小均匀，黏度中等和稳定性合适的气泡。用量过大，气泡变小，影响浮选指标。

4.2.3.3　抑制剂

（1）硫酸锌。硫酸锌与 OH^- 生成氢氧化锌亲水胶粒，吸附于闪锌矿表面，使闪锌矿受到抑制。与 Na_2CO_3 配合使用，生成 $Zn(OH)_2$ 和 $ZnCO_3$，能有效抑制闪锌矿，单独使用效果差。用量过大，使方铅矿也受抑制；同时闪锌矿过分抑制，在浮选闪锌矿时，将增大硫酸铜的用量。

（2）D。在弱碱性矿浆（pH＝7~8）中，方铅矿表面生成 $PbSO_4$ 及 $PbCrO_4$，使方铅矿受抑制，但作用时间较长，被 D 抑制的方铅矿很难被活化。D 对被 Cu^{2+} 活化了的方铅矿抑制能力差。

（3）E。加药地点在 Pb 精二处，Zn 精二处。

4.2.3.4　介质调整剂

（1）F。强酸弱碱盐，可调节 pH 值到 8~10；与硫酸锌配合使用生成 $ZnCO_3$ 及 $Zn(OH)_2$ 胶粒吸附于闪锌矿表面抑制闪锌矿。用量过大会活化被白灰抑制的黄铁矿，影响铅精矿质量及回收率。

（2）白灰。白灰解离的 OH^- 使矿浆表现出较强的碱性，可调节 pH 值到 12~14，靠 Ca^{2+}、OH^- 对黄铁矿表面的吸附，产生 $Ca(OH)_2$、$CaSO_4$、$Fe(OH)_2$、$Fe(OH)_3$，使黄铁矿受到抑制。白灰用量过大，使部分方铅矿受到抑制，特别是略带有氧化的方铅矿；同时微细粒矿物凝聚，使泡沫发黏。

4.2.3.5　活化剂

硫酸铜在闪锌矿表面形成硫化铜薄膜，硫化铜与黄药作用使闪锌矿上浮。用量过大，活化方铅矿、黄铁矿及其他脉石，占用泡沫空间，导致闪锌矿无法上浮；用量过小，闪锌矿活化程度不够，将影响闪锌矿精矿质量及回收率。

4.3　主厂房车间设备

通常磨矿与选矿设备布置在主厂房中。磨矿的目的是将矿石磨细，使有用矿物与脉石矿物解离。为了使合格细粒尽早从磨矿产物中分离出来，磨机通常与分级设备组合，合格产品送至选矿设备，粗粒产品返回再磨。

　　磨矿设备按磨矿介质分可分为有介质磨机（球磨机、棒磨机、砾磨机）和无介质磨机（自磨机），各类磨机中以格子型球磨机和溢流型球磨机应用最广。

　　溢流型球磨机由筒体、端盖、中空轴颈、衬板、球、给矿器、支撑装置、传动及润滑系统组成。由于矿石在溢流型球磨机中停留时间长，易产生过磨现象，对下一步选矿作业不利。为使合格粒级尽早排出磨机，格子型球磨机在溢流型球磨机基础上做出了三点改进：在排矿段增设格子板、矿浆提升器和便于矿浆排出的排矿嘴。

　　分级设备常用的有螺旋分级机、水力旋流器和细筛。

　　螺旋分级机主要由槽体、螺旋及传动轴、减速及传动装置、提升装置等主要部件组成。矿浆给入槽体后，在螺旋的搅动下保持悬浮，粗颗粒下沉至槽底，经螺旋输送返回磨机；细颗粒则随溢流至选矿作业。螺旋分级机根据螺旋在矿浆中浸没深度不同可分为高堰式螺旋分级机、浸没式螺旋分级机和低堰式螺旋分级机。

　　高堰式螺旋分级机螺旋在矿浆中浸入的深度较大，沉降面积大，常用于分离0.15mm左右的溢流产品，是磨矿车间最常用的分级设备。浸没式螺旋分级机有4~5圈螺旋全部浸入矿浆中，沉降面积大，用于分离小于0.15mm的产品，用于在细磨产品，或第二段磨矿产品的分级。低堰式螺旋分级机液面在螺旋轴以下，沉降面积小，常用于含泥较多矿石的洗矿或粗粒物料脱水。

　　水力旋流器是离心力场的分级设备，矿浆中固体颗粒在离心力下加速向旋流器内壁沉积，并从底流口排出，细粒则随溢流排出。水力旋流器具有处理能力大、占地面积小的特点，在选矿厂得到了广泛应用。其不足在于磨损严重。

　　浮选机按充气方式可分为三类：机械搅拌式浮选机、压气搅拌式浮选机、压气式浮选机。

　　机械搅拌式浮选机靠叶轮搅拌在浮选机的下部形成负压区，通过管道从大气中吸入空气，XJK型、JJF型浮选机属于这一类。压气搅拌式浮选机通过叶轮旋转维持矿砂悬浮，其气体引入方式是空压机压缩气体至气液混合区，CHF-X型、KYF型都属于压气搅拌式浮选机。压气式浮选机没有叶轮搅拌装置，气泡的矿化过程通过向下运动的矿物与向上运动的气泡之间的对流实现，浮选柱属于这类浮选机。

　　下面是某铅锌矿选矿厂主厂房学生实习报告部分内容。

4.3.1　磨浮工段设备表

　　破碎产品经运输胶带运到粉矿仓后，经圆盘给矿机、运输胶带输送至球磨机，磨矿产品经螺旋分级机分级后，粗砂返回球磨机球磨，溢流自流至搅拌桶调浆、浮选剂浮选。设备表见表4-4。

表 4-4 磨浮工段设备表

设备名称	类型	规格型号	数量	其他
圆盘给料器	辅助设备	—	2台	
球磨机	主要设备	MQG2130	2台	
鼓式给料器	辅助设备	—	2台	
高堰式螺旋分级机	主要设备	FG-2m	2台	
浮选机	吸浆式	XCF-4.0	8台	
	充气式	KYF-4.0	13台	
	自吸式	SF-4.0	10台	
		SF-2.8	24台	
皮带	辅助设备	—	3套	
搅拌桶	辅助设备	—	8个	
空气压缩机	辅助设备	—	1台	
起重机	辅助设备	5T/5T/3T	3套	
减速器	辅助设备	—	4台	

4.3.2 设备联系图

磨浮工段设备联系图如图 4-6 所示。浮选二车间设备联系图如图 4-7 所示。

4.3.3 设备工作原理

4.3.3.1 MQG2100×3000 型球磨机

格子型球磨机由筒体部、给矿部、排矿部、轴承部、传动部和润滑系统等组成。筒体两端装有带空心轴颈的端盖，端盖的轴颈支撑在轴承上。筒体和端盖里面衬有高锰钢衬板，在排矿侧还安装有格子衬板。减速机壳体内按配比装入不同尺寸的小齿轮，带动筒体上的大齿轮，使球磨机回转。矿石由给矿机给入，经给矿轴颈内套进入磨机，筒体内装有磨矿介质（钢球、钢棒或砾石等），填充率为筒体有效容积的 25%~45%。当筒体按规定的转速绕水平轴线回转时，筒体内的磨矿介质和矿石在离心力和摩擦力的作用下，被筒体衬板提升到一定的高度，然后脱离筒壁自由泻落或抛落，使矿石受到冲击和磨剥作用而粉碎。

4.3.3.2 FG-2m 型高堰分级机

螺旋分级机一般由以下几部分组成：作为排矿机构的螺旋装置；支撑螺旋轴的上、下轴承部；螺旋轴的传动装置和螺旋轴的升降机构，总体呈半圆形的水

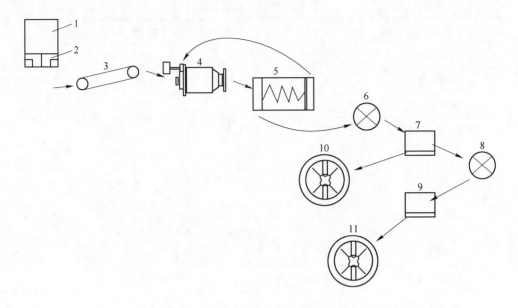

图 4-6　磨浮工段设备联系图

1—粉矿仓；2—圆盘给料器；3—皮带；4—球磨机；5—螺旋分级机；6，8—搅拌桶；
7—铅浮选机；9—锌浮选机；10—铅浓密池；11—锌浓密池

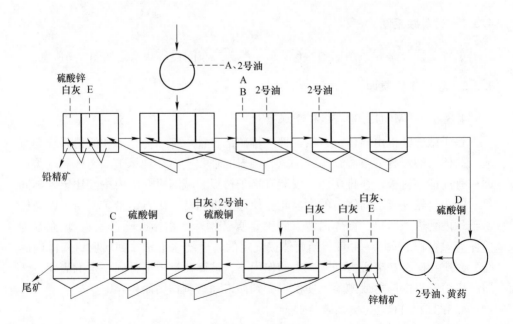

图 4-7　浮选二车间设备联系图

槽。经过细磨的矿浆从进料口给入水槽，倾斜安装的水槽下端为矿浆分级沉降区，螺旋低速回转，搅拌矿浆，使大部分轻细颗粒悬浮于上面，流到溢流边堰处溢出，成为溢流，进入下一道选矿工序，粗重颗粒沉降于槽底，成为矿砂（粗砂），由螺旋输送到排矿口排出。

高堰式螺旋分级机溢流堰的位置高于螺旋轴下端的轴承中心，但低于溢流端螺旋的上缘。这种分级机具有一定的沉降区域，适用于粗粒度的分级，可以获得大于100目的溢流粒度。

4.3.3.3 XCF 浮选机

电动机带动叶轮旋转，槽内矿浆从四周通过槽子底部经叶轮下叶片内缘吸入叶轮下叶片间，同时由外部压入的空气进入叶轮腔中空气分配器，然后通过分配器周边小孔进入叶片间，矿浆与空气在叶轮下叶片间充分混合后，由叶轮下叶片外缘排出，进而完成选矿初步工作。

4.3.3.4 KYF 型浮选机

电机带动叶轮旋转时，槽内矿浆从四周经槽底由叶轮下端吸入叶轮叶片之间。与此同时，空气由鼓风机压入叶轮腔中，通过空气分配器周边小孔流入叶片之间，与矿浆混合后由叶轮上半部周边排出，经由安装在叶轮四周斜上方的定子稳流和定向下进入浮选槽。

4.3.3.5 SF 型浮选机

电机带动叶轮高速旋转，叶片与盖板之间的矿浆被甩出，形成一定的负压，将外界空气经吸气管吸入，矿浆由负压作用经给矿管吸入。叶片与盖板之间的漩涡将气泡进一步细化。由于叶轮下叶片的作用力防止了粗颗粒发生沉槽现象。

4.4 主厂房设备配置图

主厂房一般包括磨矿和选矿两个部分。磨矿和选矿放在同一厂房里是由于所处理的矿浆只要上下工序有一定落差即可促其自流。布置在同一厂房中，节省面积，便于管理。

4.4.1 磨矿跨间设备配置

4.4.1.1 磨矿跨间的磨矿—分级机组配置基本方案

（1）磨矿—分级机组排成一列，设备中心线垂直于厂房纵向定位轴线，称纵向配置。

（2）磨矿—分级机组排成一列，设备中心线平行于厂房纵向定位轴线，称横向配置。

　　（3）磨矿—分级机组排成双列，两段磨矿，设备中心线垂直于厂房纵向定位轴线。

　　（4）磨矿—分级机组排成双列，两段磨矿，设备中心线平行于厂房纵向定位轴线。

4.4.1.2　磨矿跨间设备配置的基本要求

　　（1）磨矿—分级机组应力求自流连接，分级返砂尽量避免用机械运输。

　　（2）磨矿跨间长度和磨矿仓、浮选跨间长度相适应，以便于给矿。

　　（3）钢球、钢棒应有球、棒仓，配备装球斗、装棒机，确保补加球棒方便。

4.4.2　浮选跨间设备配置

4.4.2.1　浮选机配置方案

　　浮选机配置方案的两种形式：

　　（1）浮选机列中心线平行厂房纵向定位轴线，称横向配置，缓坡和平底地形可采用。

　　（2）浮选机列中心线垂直厂房纵向定位轴线，称纵向配置，浮选机台数、列数较多时可采用。

4.4.2.2　浮选设备配置基本要求

　　浮选设备配置的基本要求：

　　（1）根据浮选机容许的生产能力，便于生产操作、分级机溢流流向粗选来合理划分浮选系列。通常是一个磨矿系列对应一个浮选系列，也有一个磨矿系列对应两个浮选系列或两个磨矿系列对应一个浮选系列。一对一的好处是生产调节方便，便于溢流流向粗选。精选系列常采用集中精选，系列变少，因粗选泡沫精矿量少。

　　（2）具有吸浆能力的浮选机在同浮选机列中，各作业浮选槽数必须保证泡沫产物自流到相邻的前作业浮选槽里，流经的明槽和管道必须达到自流坡度。

　　（3）相互平行配置的各列浮选槽数或总长度力求相等，利于配置整齐，操作行走方便，厂房面积得到合理利用。

　　（4）浮选机配置必须便于操作维护管理，具有改变调整矿浆回路的可能性和因某系列、某作业设备停转时其他平行系列、作业设备平均分摊任务或系列调换的可能性。浮选剂操作应有良好的采光和足够的照明，以利于泡沫现象的观察。

　　（5）给药台位置应适宜，一般大型选厂多采用集中或局部集中给药方式，给药台通常布置在某个或几个跨间的楼层上。药剂通过管道自流至添加地点。

　　磨浮二车间俯视图如图4-8所示，磨浮一车间俯视图如图4-9所示，磨浮二车间侧视图如图4-10所示，磨浮一车间侧视图如图4-11所示。

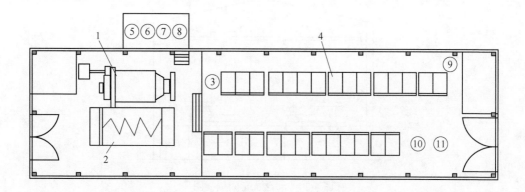

图 4-8 磨浮二车间俯视图

1—球磨机；2—螺旋分级机；3—1 号搅拌桶；4—浮选机；5—黄药药桶；6—硫酸铜药桶；

7—BK906 药桶；8—乙硫氮药桶；9—重铬酸钾药桶；10—3 号搅拌桶；11—2 号搅拌桶

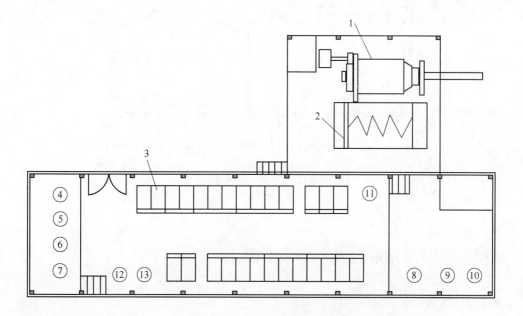

图 4-9 磨浮一车间俯视图

1—球磨机；2—螺旋分级机；3—浮选机；4—黄药药桶；5—硫酸铜药桶；6—BK906 药桶；

7—乙硫氮药桶；8，9，10—闲置搅拌桶；11—1 号搅拌桶；

12—2 号搅拌桶；13—3 号搅拌桶

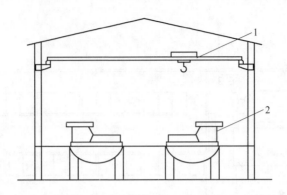

图 4-10　磨浮二车间侧视图

1—起重机；2—浮选机

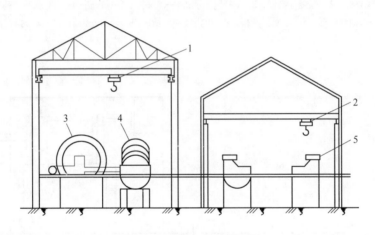

图 4-11　磨浮一车间侧视图

1，2—吊车；3—球磨机；4—分级机；5—浮选机

4.5　车间规章制度及设备操作规程

4.5.1　球磨机安全操作规程

4.5.1.1　开机前工作程序

开机前检查各加油点油量、油压、油温、油质量是否正常，球磨机本体及传动设施各部位螺丝是否紧固；检查给矿漏斗、皮带运输机、圆盘给料机、鼓式给料器、分级机、减速机、传动齿轮、联轴器等相关联动设备是否正常，电机电压是否正常；开启球磨机前要用行车对球磨机筒体盘车两周以上。

4.5.1.2　开机及运转中工作程序

开机顺序：（1）球磨机；（2）分级机；（3）降螺旋；（4）给矿。

按照厂办规定的矿量，合理调节电子皮带秤的给矿量；每班按要求补加钢球，确保球磨机装球量和钢球比例的稳定性；经常检查球磨机电流、电压是否在正常范围内，保证磨矿操作平稳、球磨机不频繁胀肚、钢球不直接砸衬板；在球磨机运转过程中不能长时间停止给料，一般不能超过 15min，以免造成钢球和衬板的过度损耗；运转中注意及时调节返砂水和溢流水的大小，确保磨矿浓细度达到厂办规定的要求；按照规定的时间用浓度壶测定磨矿浓度，取样时应用浓度壶在溢流堰横截面上采集，确保样品具有代表性和准确性；检查球磨机筒体是否存在螺栓松动、脱落和漏浆的情况，发现螺栓松动应及时停车紧固；经常检查球磨机传动齿轮、联轴器声音是否正常，检查球磨机轴承温度是否在允许的范围内，减速机冷却系统是否正常，减速机外壳是否漏油，发现异常情况及时汇报。

4.5.1.3　停机检修工作程序

停机顺序：（1）给矿；（2）分级机；（3）球磨机；（4）升螺旋。

每次停机之前预留 15~20min 时间对球磨机进行充分排料；检修人员进入球磨机之前，球磨机必须切断总电源，并在电气柜上悬挂警示牌；因故障停机，必须停止给料、给水、关闭电机和其他机组电源；当温度低于 0℃ 时，停机时需将减速机冷却水放空。

4.5.2　分级机安全操作规程

4.5.2.1　开机前工作程序

开机前检查分级机传动装置、提升装置、轴头是否正常。返砂勺头、大小叶片等是否松动或磨损严重，分级机槽体内矿砂是否影响螺旋正常开启，减速机的润滑油是否正常等。开机前检查分级机到浮选车间搅拌桶的管道是否畅通，分级机返砂槽去鼓式给料机漏斗是否畅通，电气设备是否正常，一切正常方可按规定顺序开机。

4.5.2.2　开机及运转中工作程序

开机顺序：（1）球磨机；（2）分级机；（3）降螺旋。

分级机停机时，螺旋提升高度若是过高，应在开机时先降到适合高度再开启分级机。开启分级机后，分级机下降的高度要适当。位置过高，会有粗砂聚沉，影响溢流细度。运转中注意调整返砂槽冲洗水水量，保证磨矿浓度，杜绝球磨机频繁胀肚的现象。返砂水过大，会降低磨矿浓度；过小，会堵塞返砂槽。分级机运转中要经常检查大小叶片、返砂勺头、分级机轴头是否磨损严重，如有发现应及时汇报检修，防止因一个叶片磨损变形导致其他叶片受损等类似情况。

4.5.2.3　停机工作程序

停机顺序：（1）分级机；（2）球磨机；（3）升螺旋。

停分级机时，分级机螺旋提升高度要适当，不可过高，过高会在开机时打坏减速机齿轮，过低会导致大部分螺旋埋在矿砂中，不利于分级机再次启动。

4.5.3　吊车安全操作规程

（1）操作者要有一定的技术水平。专人操作，开车前检查所有机械和电气及润滑是否良好。

（2）不得超过起重铭牌上所规定的起重量使用。

（3）运送货物时，重物不准从人身上方越过。

（4）吊车在工作时，如电器设备、电路控制器发生损坏中电压降低很剧烈，必须立即停止工作，将电源切断，并挂上不能使用的牌子。

（5）吊车机械有任何损坏不能使用时应报有关方面修理。

（6）吊车每次使用时，必须发出警告，开动及停止时应平稳不可有振动现象。

（7）当吊车工作完毕后，应把它停在指定地点，并关掉开关。

（8）移动和提高重物应听从指示信号，但紧急停车时，无论谁发信号都必须停车。

4.5.4　球磨工岗位职责

（1）球磨工负责球磨机、分级机、圆盘给料机及皮带运输机的操作及日常维护保养。

（2）整齐穿戴口罩、工作服、工作帽、耳塞等劳动保护用品，确保自身安全。

（3）严格按照操作规程开停球磨机组，开启球磨机前必须用行车盘车两圈以上，严禁直接开启球磨机。

（4）严格按照厂办规定，按时按量补加钢球。

（5）根据厂办规定的处理量和原矿颗粒大小，合理调节给矿量、溢流水及返砂水，保证球磨机处于非常平稳的工作状态。严禁球磨机频繁胀肚或磨矿浓度波动过大，保证分级机溢流浓度稳定并达到浮选作业要求。

（6）严控磨矿浓细度，在规定的时间内做好溢流浓细度的检查工作，并如实填写报表。

（7）设备运转中要做到经常检查，发现问题及时处理，自己处理不了应及时向班组长反映，如遇到危险事故有可能发生时有权停车，停车后及时向上级汇报。除正常联动开车外，有权制止他人未经允许开动本岗位设备。

（8）经常检查分级机叶片、包箍、返砂勺头等磨损件的磨损情况，发现情况及时汇报，协助维修人员及时处理，防止因磨损件磨损严重而导致设备本体受损。

（9）经常检查圆盘给料器、皮带运输机运转情况，发现异常及时汇报处理，严禁因检查不到位导致设备受损，托辊立辊磨损严重未被发现导致皮带刮伤。

（10）在球磨机正常运转过程中，严禁其他人员进入筒体防护栏杆以内进行作业。

（11）操作行车时，必须由专人负责指挥，若出现多人指挥时，有权不吊。

（12）做好本岗位区域内的文明生产工作。

（13）参加本岗位设备的正常维修保养工作。

（14）保管移交好本岗位的工器具。

（15）坚守岗位，严格遵守选厂各项管理制度，注意班组团结，认真完成厂办、工段长安排的工作，并如实准确填写原始记录。

4.5.5 浮选机安全操作规程

4.5.5.1 开机前工作程序

开机前必须检查浮选机竖轴转动是否灵活，浮选机叶轮盖板、稳流板等是否完好，刮板轴是否完好，浮选机电机、三角带是否正常，泡沫槽是否畅通，有无跑漏现象；开启前确保下道工序砂泵运转正常，管道畅通，确保精矿泵能正常运转，精矿泵去浓密池管道畅通。

4.5.5.2 开机及运转中工作程序

开机顺序：（1）锌作业区（充气—药剂—扫选—精选—粗选—3号搅拌桶—2号搅拌桶）；（2）铅作业区（充气—药剂—扫选—精选—粗选—1号搅拌桶）。

带矿浆启动浮选机时，必须手动盘车一至两圈，检查浮选机、刮板转动是否灵活，待全部浮选机正常开启后开始给矿。运输中经常检查浮选机吸气、吸浆、翻花等是否正常，浮选机竖轴是否有摆动现象，保证问题及时发现并汇报。运转中注意检查浮选机电机是否有摆动、发热现象，刮板轴瓦是否缺油发热，有问题及时汇报。观察三角皮带，有磨损较重的应及时汇报，并协助钳工更换。更换皮带时，必须停机。严格按照厂办的技术要求进行操作，保证产品质量和回收率。当刮板正常运转时，严禁跨越运转中的浮选机。

4.5.5.3 停机工作程序

每次停机前，应持续选别 30min 以上，降低浮选矿浆浓度，避免粗砂沉淀压死叶轮，便于下次开机。

停机顺序：（1）铅作业区（1号搅拌桶—组选—精选—扫选—药剂—充气）；（2）锌作业区（2号搅拌桶—3号搅拌桶—粗选—精选—扫选—药剂—充气）。

4.5.6 浮选技术操作要求

浮选工在操作过程中应严格遵守"三勤、四准、四好、两及时、一不动"的原则。

"三勤"是：勤观察泡沫变化，勤测浓度，勤调整。

"四准"是：油药配制和添加得准，品位变化看得准，发生变化的原因找得准，泡沫刮出量掌握得准。

"四好"是：浮选与磨矿作业联系好，浮选与砂泵联系好，浮选与配药工的联系好，铅浮选与锌浮选的联系好。

"两及时"是：出现问题发现及时，解决问题处理及时。

"一不动"是：生产正常不乱动。

（1）经常查看原矿性质的变化。

（2）任何作业只允许刮泡，不允许刮浆。

（3）合理控制生产用水，控制好各作业的矿浆浓度。一定范围内，浓度增加，回收率增加；浓度过大或过小都影响回收率。

（4）在操作过程中，各药剂的配制浓度不允许改变，各固定的加药点不允许轻易变动，当浮选有变化时，只允许调整药剂量大小，不允许乱加固体药剂。

（5）配药过程中不允许药剂互混。

（6）合理调整闸门高度调整矿浆液面，保证浮选各工作区合适的液面及泡沫层。

（7）合理控制循环量。观察整个浮选过程的矿浆流动是否畅通，泡沫槽是否存在堵塞，泡沫流动性是否良好，浮选槽内的矿浆液面是否较高而产生刮矿浆。

（8）合理控制泡沫刮出量。

（9）浮选过程主要通过观察泡沫的虚实、大小、颜色、光泽、轮廓、厚薄、强度、流动性、音响来实现调节。善于观察浮选泡沫并能根据泡沫情况判断浮选效果的好坏。从观察泡沫的表观现象的各种变化，能准确判断出引起变化的原因，从而及时调整以保证浮选过程在最优条件下进行。

（10）每次启动浮选机时，应先检查浮选机叶轮是否被压死；每次停机前，应继续选别 30min 以上，降低矿浆浓度。

4.5.7 浮选工岗位职责

（1）浮选工负责浮选机、搅拌桶的日常操作、维护、保养工作。

（2）整齐穿戴口罩、工作服、工作帽等劳动保护用品，确保自身安全。

（3）浮选机运转前全面检查所属设备是否良好，载矿浆开车时必须用人工盘转一周，不得强行启动，以防烧坏电机。

（4）按照选厂浮选技术操作规程要求，做好液面、药剂、泡沫、矿浆浓度等调整和操作，保证产品质量及金属回收率。

（5）设备运转中要做到经常检查，出现问题及时处理，自己处理不了应及时向班组长反映，如果遇到危险事故时有权停车，停车后及时向班组长汇报，除正常联动开车外，有权制止他人未经允许开动本岗位设备。

（6）浮选操作中注意泡沫管道、浮选机电机、刮板等附属设备的运转情况，做到发现问题及时处理，不能处理的及时汇报。

（7）浮选工负责岗位范围内的精矿泵的操作、检查及简单的保养工作。

（8）操作行车时，必须由专人负责指挥，若出现多人指挥时，有权不吊。

（9）保管移交好本岗位的工器具。

（10）搞好本岗位内的清洁卫生及文明生产工作。

（11）配合维修工参加本岗位设备的日常检修工作。

（12）坚守岗位，严格遵守选厂各项管理制度，注意班组团结，认真完成厂办、工段长安排的工作，并如实准确填写原始记录。

问题：

1. 影响磨矿效果的因素有哪些？

2. 影响分级效果的因素有哪些？

3. 影响浮选效果的因素有哪些？

矿物加工工程专业实习记录表

姓名		学号			班级	
联络电话				E-mail		
实习岗位				企业实习指导老师		
实习形式		集中实习（ ）		分散实习（ ）		
学院指导教师				指导形式		
日期		学习内容		学习心得体会		

续表

日期	学习内容	学习心得体会

学生提问：	老师指导意见：
签名：	日期：

企业指导教师评价： 签名： 日期：	学院指导教师评价： 签名： 日期：

注：此表格每日填写，一个实习岗位汇总一次，并由负责的专业教师根据企业指导教师评价给出百分制的评分。

5 **脱水车间**

5.1 简述

5.1.1 作业制度

精矿脱水车间一般采用连续工作制度，日设备运转班数为 2~3 班，每班 8h。如某铅锌矿脱水工段为连续工作制、每天 3 班，每班工作 8h。

5.1.2 工艺流程

脱水流程一般采用浓缩—过滤两段脱水作业。浓缩作业将浓度为 15%~35% 的精矿浓缩到 50%~70%。浓缩机底流通过砂泵输送至过滤机过滤，浓缩机溢流中通常含有微细粒有用矿物，通常在浓缩机周围布置沉淀池对这部分有用矿物进行回收。过滤作业的给矿浓度通常在 40%~60%，滤饼水分为 7%~16%。

5.1.3 工艺流程图

脱水车间工艺流程图如图 5-1 所示。

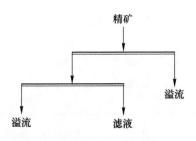

图 5-1　脱水车间工艺流程图

5.2 车间设备

浓密机也叫浓缩机，它是一种利用固体与液体密度差对悬浮液进行浓缩的设备。当矿浆从中心部位给入浓密池时，固体颗粒密度较大，向下运动并挤占液体的空间，液体向上运动，从溢流口排出；下层液体向上运动，底流矿浆浓度增大，从而实现矿浆的浓缩。浓密机中的悬浮液从上到下可分为澄清区、等速沉降区、干涉沉降区、压缩区、底流收集区。

浓密机按其传动方式可分为中心传动式浓密机（如图5-2所示）和周边传动式浓密机两种。浓密机的主要组成部件有浓缩池、耙架、传动装置、给料装置和卸料斗等。中心传动浓密机直径较小，常用于小型矿山。周边传动浓密机直径大，常用于大中型矿山。

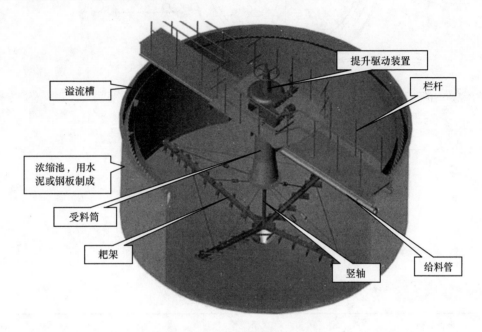

图 5-2　中心传动浓密机结构图

选矿厂常用的过滤机主要有转鼓真空过滤机、圆盘真空过滤机、陶瓷过滤机、压滤机等。转鼓真空过滤机和圆盘真空过滤机、陶瓷过滤机原理相同，都是在负压为驱动下，液体穿过滤饼、滤布排出，固体颗粒被截留在过滤介质表面形成滤饼。图5-3是圆筒真空过滤机的结构图。

5.3　某铅锌矿脱水工段实例

5.3.1　脱水工段设备表

本选矿厂脱水为浓缩—过滤两段脱水工艺，脱水设备主要有浓密池、真空过滤机、水喷射泵及其辅助设备、气水分离器，见表5-1。

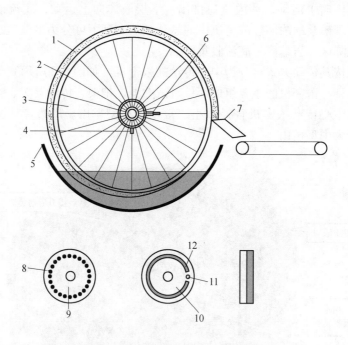

图 5-3　圆筒真空过滤机结构图

1—滤饼；2—空心转筒；3—扇形格；4—真空管路；5—矿浆槽；6—压缩空气管路；
7—刮刀；8—与扇形格相同的孔；9—转动部件；10—固定部件；
11—与压缩空气相通的孔；12—与真空相通的缝

表 5-1　脱水工段设备表

设备名称	类　型	规格型号	数　量	其　他
真空过滤机	主要设备	GW-10	2	
		GW-5	2	
水喷射泵	辅助设备	—	4	
浓密池	铅浓密池	$\phi 6m$	1	
	锌浓密池	$\phi 9m$	1	
沉淀池	辅助设备	—	2	
气水分离器	辅助设备	—	4	
水罐	辅助设备	—	4	

5.3.2　脱水工段设备联系图

通常浮选精矿经浓密池后，底流进入过滤机过滤脱水，滤饼经胶带输送机送入精矿仓。某铅锌矿设备联系图如图5-4所示。

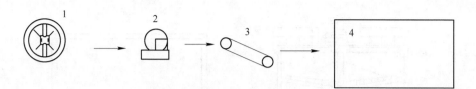

图 5-4 脱水工段设备联系

1—浓密池；2—真空过滤机；3—皮带；4—精矿仓

5.3.3 脱水工段设备配置

浓缩—过滤设备配置应考虑的问题如下：

（1）精矿仓应靠近过滤机，过滤机位置高于精矿仓。如果精矿仓为高架式与过滤机厂房分开，滤饼可通过集矿胶带输送机运至高架矿仓。

（2）尽量缩短浓缩机与过滤机的距离，浓缩机溢流流至精矿沉淀池，浓缩机底流如不具备自流条件应由胶泵提升至过滤机。

（3）主厂房精矿出矿口标高应高于浓缩机，以保证矿浆自流至浓缩机。

真空泵、空压机应与过滤机、胶泵、滤液系统装置隔开，工作环境保持清洁。

某铅锌矿脱水车间设备配置图如图 5-5 及图 5-6 所示。该厂为坡地建厂，脱

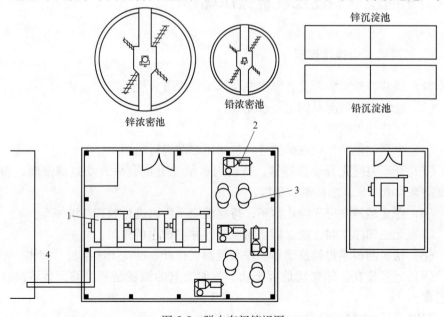

锌浓密池　　　　铅浓密池　　　　铅沉淀池

图 5-5 脱水车间俯视图

1—真空过滤机；2—水箱、水泵；3—水气分离器；4—皮带

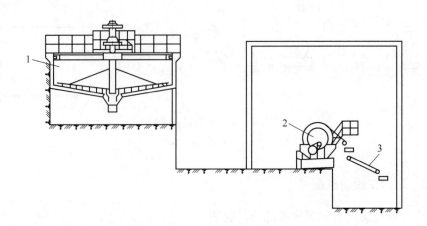

图 5-6　脱水车间侧视图

1—浓密机；2—真空过滤机；3—皮带

水车间设备配置充分利用地形，浓密池地形较高，浮选精矿利用地形自流到浓密池，浓密池底流自流入过滤机。

浓密作业溢流及过滤作业滤液均返回生产，精矿产品经皮带运至精矿仓。

5.4　车间规章制度及设备操作规程

5.4.1　过滤机安全操作规程

（1）经常检查给矿浓度、真空度及风压是否符合规定。

（2）滤布磨损情况及固定是否完善。

（3）保持滤水的澄清。

（4）全部试车操作应在矿液进入过滤机之前进行完毕。

（5）开车时应先开动搅拌器，待槽内矿液充分混合后开动过滤滚筒，再开动真空泵及清水泵，然后调节刮板。

（6）停止运转前应先停止给矿，待滤液空干后再进行放矿冲洗停车。

（7）无通知停车时，应立即切断电源，并将槽内矿放出。

（8）精矿刮板不得触及滤布，停车后刮板打开，冲洗干净刮板、筒体。

（9）经常检查各部螺丝是否松动，各加油点的油量是否足够，运转声音是否正常。

（10）运转中禁止拾取掉入矿浆中的物体。

（11）修补滤布时适当减少真空，以免再启动，负荷过大。

5.4.2　脱水岗位责任制

（1）负责本岗位浓密机、过滤机、清水泵、压力水箱、射流真空泵的操作与维护，保证设备安全运转。

（2）经常了解精矿来量情况，掌握好矿浆浓度，合理均匀地将矿浆输送到过滤机。

（3）经常检查过滤机滤布的磨损情况，如发现破烂而影响生产时，应及时向班长、工段长汇报，以便及时更换。

（4）把握好脱水精矿粉的含水量，脱完一槽内矿浆排一次水。

（5）在过滤机放矿浆时，合理掌握槽内矿浆面的高度以免造成金属流失。

（6）经常检查压力水箱的水温以及水位，气水分离器内有无矿粉，保证过滤机有足够的真空度及其正常运转。

（7）当岗位设备发生故障时，操作工处理不了应及时向班长和工段长汇报立即处理，如故障发展到危险程度时有权停机，有权禁止他人操作本岗位设备。

（8）对浓密池的来量，浓密机的运转情况每两个小时观察一次。

（9）每两小时对浓密中心筛网冲洗疏通一次以防堵塞。

（10）未通知停电或突然停机时，应将电器开关复位，并将浓密池耙子提高到一定位置。

（11）负责本岗位工器具保管，搞好本岗位区域内的清洁卫生及文明生产。

（12）坚守岗位，认真负责。

（13）配合维修工，参加本岗位内的设备检修工作。

矿物加工工程专业实习记录表

姓名		学号		班级	
联络电话				E-mail	
实习岗位				企业实习指导老师	
实习形式	集中实习（　　）		分散实习（　　）		
学院指导教师				指导形式	
日期	学习内容			学习心得体会	

续表

日期	学习内容	学习心得体会

学生提问：	老师指导意见：
签名：	日期：

企业指导教师评价：	学院指导教师评价：
签名： 日期：	签名： 日期：

注：此表格每日填写，一个实习岗位汇总一次，并由负责的专业教师根据企业指导教师评价给出百分制的评分。

6 尾矿处理

6.1 尾矿设施

尾矿输送方式主要取决于它的粒度。细粒含水多的尾矿可采用水力输送至尾矿库，粗粒干尾矿可采用运输机械运至堆置场。

6.1.1 细粒含水尾矿的输送和堆积

处理细粒含水尾矿的设施，包括水力输送、尾矿库和排水三个系统。水力输送系统根据选矿厂尾矿排出点和尾矿库之间的高程差来确定自流或压力输送，也可将尾矿在厂区浓缩后，用砂泵—管道输送至尾矿库。

6.1.1.1 尾矿库

尾矿库是尾矿堆存的场所，多由山谷和堤坝围截而成。根据库区地形可将尾矿库分为：

（1）山谷型。在山谷一面筑坝而成。

（2）山坡型。利用山坡两面或三面筑坝。

（3）平地型。四面筑坝而成。

随着环境保护标准的提高，矿山废水一般不允许直接向外排放，尾矿库内布置有澄清水回收系统和雨水排出系统。

6.1.1.2 尾矿坝

尾矿坝广泛采用初期坝和后期坝组合。

初期坝是尾矿坝的支撑棱体，采用当地的土和石料筑成。初期坝多为透水坝，从坝体外侧到内侧可分为堆石体、反滤层和保护层。反滤层的作用是防止渗流水将尾矿带出尾矿坝，从坝体外侧向内侧由卵石或碎石、砾石、砂三层构成。反滤层表面铺设保护层，保护层用干砌块石、砂卵石、碎石或采矿废石铺筑。

后期坝是利用尾矿堆积而成，堆筑方式有：上游筑坝法、下游筑坝法和中线筑坝法。上游筑坝法工程量小，是常用的筑坝方法。当不能满足坝体稳定要求时，可采用中线筑坝法和下游筑坝法。地震多发区可采用下游筑坝法。

尾矿坝排渗设施有：（1）底部排渗（需铺设反滤层），用于尾矿坝置于不透水地基上或初期坝为不透水坝。（2）冲积坝体排渗，有贴坡滤层排渗、排渗管、排渗盲沟、排渗井、立式排渗。排渗设施与筑坝同时施工。

6.1.1.3 尾矿库排水系统

排水系统常用的有：排水管、隧洞、溢洪道、山坡截洪等。小流量多采用排水管排水，中等流量可采用排水管或隧洞，大流量采用隧洞、溢洪道。排水系统的进水头部可采用排水井或斜槽。国内尾矿库一般多将洪水和尾矿澄清水合用一个排水系统排放。尾矿排水系统靠尾矿库一侧山坡布置，选线力求短直。进水头部的布置应满足在使用过程中任何时候都可以进尾矿澄清水的要求。当尾矿库汇水面积大，为能迅速排出洪水，可在靠尾矿库一侧山坡上修筑一条溢洪道。

6.1.2 粗粒干尾矿的输送和堆积

（1）利用箕斗或矿车沿斜坡轨道提升运输尾矿，然后倒卸在锥形尾矿堆上，这是一种常用的办法。

（2）利用铁路自动翻车运输尾矿向尾矿场倾卸。此方案适用于运输能力大，距选矿厂较远，尾矿场低于路面的斜坡场地。

（3）利用架空索道运输尾矿。此方案适用于起伏交错的山区，特别是采用架空索道输送原矿的条件，可沿索道回线输送废石，尾矿场在索道下方。

（4）利用移动胶带输送机输送尾矿，运至露天扇形的尾矿堆场。适于气候暖和地区，距选矿厂较近。

6.2 尾矿库介绍

陕西某铅锌矿矿业有两个尾矿库，一个为小梁沟尾矿库，现已闭库。另一个为乾沟尾矿库，正在使用。两个尾矿库的传送方式都是依靠柱塞泵为动力管道运输。

6.2.1 小梁沟尾矿库

小梁沟尾矿库属于山谷型尾矿库，初期坝采用碾压堆石透水坝，后期堆积坝采用上游法筑坝。尾矿库排洪系统上游采用拦洪坝拦洪，溢流井—排洪隧洞泄流；库区内采用排洪井进流，排泄支洞—排洪隧洞泄洪。各堆积坝马道设马道排水沟，岸坡设岸边截水沟。尾矿输送采用管道压力输送。尾矿浆排入尾矿库，经自净澄清后，澄清水压力返回选厂；初期坝坝下游设截水墙和回水池，渗流水集中至回水池，与澄清水一起返回选厂高位水池。服务年限为 2005~2012 年。

小梁沟尾矿库现已闭库，有四级子坝，库容 $6.8 \times 10^5 \text{m}^3$，初期坝垂高 21m，每级子坝垂高 4m，坡度均为 1：4。坝体为三面靠山、一面堆坝形式，侧有排洪斜槽，山洪经拦洪坝拦截，再由排洪斜槽排出。坝体中的尾矿中水分由竖井和排洪斜槽共同排出，过消力池再由泵打回选厂，回水再用。小梁沟尾矿坝示意图如图 6-1 所示。

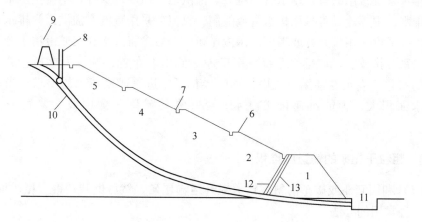

图 6-1　小梁沟尾矿坝示意图

1—初级坝；2—1 期子坝；3—2 期子坝；4—3 期子坝；5—4 期子坝；6—马道；7—排水沟；
8—竖井；9—拦洪坝；10—排洪斜槽；11—消力池；12—保护层；13—反滤层

封库后上面要覆土 200～300mm，覆土种植植被固土，但不能种植灌木或乔木，防止根系膨胀。

每级子坝间都没有排洪管，其间距为 1 级 6m，2 级 4m，3 级及以上 2.8m，每级子坝间设有马道。

6.2.2　乾沟尾矿库

陕西某铅锌矿矿业有限公司乾沟尾矿库，位于凤县留凤关镇酒奠沟村乾沟内，是由西安有色冶金设计研究院设计，二十三冶建设有限公司项目部承建，于 2010 年 12 月 16 日动工，2012 年 12 月 25 日竣工。

该尾矿库属于山谷型尾矿库，初期坝采用碾压堆石透水坝，后期堆积坝采用上游法筑坝。尾矿库排洪系统上游采用拦洪坝拦洪，溢流井—排洪隧洞泄流；库区内采用排洪井进流，排泄支洞—排洪隧洞泄洪。各堆积坝马道设马道排水沟，岸坡设岸边截水沟。尾矿输送采用管道压力输送。尾矿浆排入尾矿库，经自净澄清后，澄清水压力返回选厂；初期坝下游设截水墙和回水池，渗流水集中至回水池，与澄清水一起返回选厂高位水池。

库容及服务年限：本库初设计根据库区 1∶1000 实测地形图，采用上游法筑坝（平均坡比 1∶4.5）。尾矿最终堆积标高为 1195.0m 时，总库容为 501.72×10^4m^3，有效库容为 401.38×10^4m^3。选矿厂设计日处理量矿石 1000t，尾矿产率为 85.06%，尾矿堆积干容量为 $1.5t/m^3$，年入尾矿量为 $170120m^3$，服务年限为 23.59 年。

尾矿库等级：本尾矿库为三等库，其最小安全超高为 1.0m，最小干滩长度为 100m。

尾矿输送系统：尾矿输送管线自选厂布设至尾矿坝顶，输送管线采用钢丝网骨架聚乙烯复合管材，管线长度 3500m，双线布置，一用一备。尾矿扬送设备选用 5KB-100/4 型柱塞矿浆泵，设备性能 $Q = 100m^3/h$，$H = 400m$，功率 $N = 160kW$，1 号、2 号系列各 1 台，备用 1 台，共 3 台；电机型号 3DS-12/5，功率 22kW。

初期坝：初期坝采用碾压堆石透水坝，坝高为 25.0m，坝顶标高为 1125.0m，坝顶宽为 4.0m，坝顶长为 86.16m，上游坝面坡比为 1：1.75，设一级马道，马道宽为 2.0m，马道以上下游坝面坡比为 1：2.0，马道以下坡比为 1：2.5。上游坝面设干砌石护坡、反滤层及其支持层，下游坝面设干砌石护坡。上、下游坝脚均设置齿槽。在坝体与岸坡结合处设截水沟。有效库容为 $11.94×10^4m^3$，服务年限为 0.7 年。

后期坝：后期坝采用上游法堆筑，利用尾矿逐级向上游冲填筑坝。设计后期坝最大堆积高度为 70.0m，最终设计堆积标高 1195.0m，冲填平均外坡 1：4.5，每级子坝高 2.0m，上游坝面坡比 1：1，下游坡比 1：3，由人工利用固结尾矿砂分层碾压、堆筑。尾矿浆由输送管道送至坝顶，通过分散管在坝前均匀、分散、轮换放矿。从初期坝顶起，堆积坝每上升 10m 设一级马道，宽为 5.0m，在马道内侧及坝面与两岸结合处设排水沟，断面尺寸为 $B×H = 0.6×0.6m$，结构采用 C20 混凝土。岸边截水沟堆积坝体的上升修筑，断面尺寸为 $B×H = 0.6×0.8m$，截水沟结构采用 C20 混凝土。

排渗设施：从初期坝顶起，堆积坝每升高 10.0m，在堆筑子坝前，沿滩面铺设排渗管网一层。纵向水平排渗管为直径 150mm UPVC 管；横向水平排渗管为直径 100mm UPVC 管。纵向水平排渗管伸入长度为 60m，横向水平排渗管布置平行于坝轴线 50.0m 和 60.0m 处。纵向水平排渗管前 40m 应打孔，管表面缠绕、外包 $300g/m^2$ 土工布，后 20m 不打孔。

拦洪坝：采用斜心墙碾压堆石坝，位于库区上游直距初期坝 1150m 处。坝顶标高 1193.5m，轴线坝高 14.5m，坝顶宽 6.0m，坝顶长 31.9m，上下游坡比为 1：2.0。上游坝面设干砌石护坡、防渗层及其支持层，下游坝面设干砌石护坡。上游坝面标高 1187m，设马道，宽 1.5m。

排洪系统：本尾矿库上游采用拦洪坝拦洪，排洪隧洞泄流；库区采用排洪井进水，排洪支洞和排洪隧洞泄洪。排洪系统沿尾矿库右岸布置，排洪构筑物主要包括拦洪坝、排洪隧洞、排洪支洞、排洪井和消力池，各排洪构筑物基础均需置于基岩。

尾矿水回收系统：尾矿水不外排，全部回收循环使用，在初期坝脚下设回水池，尾矿澄清水和渗流水全部集中至回水池，通过回水管道压力返回选厂高位水池，供生产循环使用。

位移监测：本尾矿库共有 14 个位移观测点，位于坝体表面，其中初期坝 3 个，堆积坝 9 个，拦洪坝 2 个。工作基点共 10 个，位于监测垂线的东、西岸坡，其中初期坝范围 2 个，堆积坝范围 6 个，拦洪坝范围 2 个。

浸润线监测：初期坝布置 3 个监测断面，间距约 20m，一处布置于最大坝高处；堆积坝布置 3 个监测断面；每个监测断面的监测点 4 个。共 5 条监测垂线，其中初期坝顶 1 条，堆积坝 4 条，分别设于马道 1135.0m 高程、1155.0m 高程、1175.0m 高程、1195.0m 高程。浸润线观测共 15 个孔。

干滩监测：滩长测量断面与堆积坝轴线垂直布置，用皮尺进行测量并每 50m 竖立标杆。

乾沟尾矿坝示意图如图 6-2 所示。

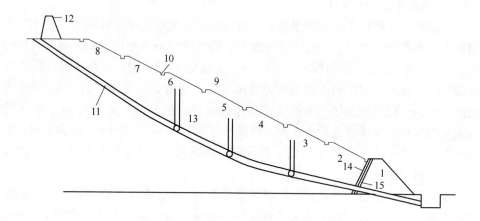

图 6-2　乾沟尾矿坝示意图

1—初级坝；2—1 期子坝；3—2 期子坝；4—3 期子坝；5—4 期子坝；6—5 期子坝；
7—6 期子坝；8—7 期子坝；9—马道；10—排水沟；11—排洪斜槽；
12—拦洪坝；13—竖井；14—保护层；15—反滤层

6.3　回水利用

某铅锌矿选厂的水实现零排放。浓密池溢流水经沉淀池沉淀后经泵抽取到磨浮车间，用作各自精选及粗选的冲洗水。脱水车间的过滤水以及其他生活用水共同稀释尾矿，共同打到尾矿坝进行沉淀过滤，过滤后尾矿坝的水再与河中的水按比例混合后供选厂各处使用。全厂回水利用简图如图 6-3 所示。

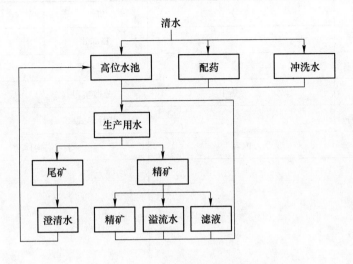

图 6-3 全厂回水利用简图

矿物加工工程专业实习记录表

姓名		学号		班级	
联络电话			E-mail		
实习岗位			企业实习指导老师		
实习形式	集中实习（ ） 分散实习（ ）				
学院指导教师			指导形式		
日期	学习内容		学习心得体会		

续表

日期	学习内容	学习心得体会

学生提问:	老师指导意见:
签名:	日期:

企业指导教师评价:	学院指导教师评价:
签名: 日期:	签名: 日期:

注:此表格每日填写,一个实习岗位汇总一次,并由负责的专业教师根据企业指导教师评价给出百分制的评分。

7 技术经济指标

由于各选矿厂对技术经济指标的表示方法有所差异，技术经济指标主要包括选矿指标、钢耗、水耗、电耗、药剂消耗等。

下面是某铅锌矿的技术经济指标：

浮选指标：Pb 品位 74.75%，含 Zn 2.84%；Zn 品位 58.78%，含 Pb 0.31%；尾矿 Zn 品位 0.20%，Pb 品位 0.06%；回收率 Zn 96.44%，Pb 93.19%。

选厂其他指标见表 7-1~表 7-5。表格内容供参考，学生根据实际实习单位填写数据并计算。

表 7-1 选矿厂预算成本表一

主要备件原材料	用 途	数量	单位	总金额/元	月消耗金额/元	日消耗额/t	单耗/元·t⁻¹	计划产量/kt	截至当日实际生产量/kt
简体衬板	1 号球磨		t						
	2 号球磨		t						
端衬板	1 号球磨		付						
	2 号球磨		付						
格子板	1 号球磨		付						
	2 号球磨		付						
颚破衬板	颚式破碎机		付						
圆锥衬板	圆锥破碎机		付						
砂泵柱塞	砂泵		根						
砂泵阀组件	砂泵		套						
滤布	5m² 锌过滤机		m						
滤布	10m² 铅过滤机		m						
滤布	10m² 锌过滤机		m						

表 7-2 选矿厂预算成本表二　　　　　　　　　　　　　　　　（元/t）

材料成本	预算单位成本	药剂成本	预算单位成本	电费成本	预算单位成本
	日单位成本		日单位成本		日单位成本
	月单位成本		月单位成本		月单位成本

表 7-3 选矿厂预算成本表三

日生产量/t		日生产成本/元		日单位生产成本/元·t⁻¹	
月生产量/t		月生产成本/元		月单位生产成本/元·t⁻¹	
年生产量/t		年生产成本/元		年单位生产成本/元·t⁻¹	

表 7-4 选矿厂预算药剂成本

药剂名称	计划单价/元·t⁻¹	今日单价/元·t⁻¹	一工段当班生产量 1号162t；2号156t			二工段当班生产量 1号162t；2号155t			三工段当班生产量 1号162t；2号158t			合 计	
			用量/kg	金额/元	单耗/元·t⁻¹	用量/kg	金额/元	单耗/元·t⁻¹	用量/kg	金额/元	单耗/元·t⁻¹	金额/元	单耗/元·t⁻¹
A													
B													
C													
D													
E													
F													
G													
H													
I													
J													
合计													

表 7-5 选矿厂预算电耗成本

电费种类	单价/元	一工段			二工段			三工段			合 计	
		电量/度	金额/元	单耗/元·t⁻¹	电量/度	金额/元	单耗/元·t⁻¹	电量/度	金额/元	单耗/元·t⁻¹	金额/元	单耗/元·t⁻¹
平电												
谷电												
峰电												

综合上述表格数据，一吨矿的成本为____元。

矿物加工工程专业实习记录表

姓名		学号		班级	
联络电话				E-mail	
实习岗位				企业实习指导老师	
实习形式		集中实习（　　）		分散实习（　　）	
学院指导教师				指导形式	
日期		学习内容		学习心得体会	

日期	学习内容	学习心得体会

学生提问：	老师指导意见：
签名：	日期：

企业指导教师评价：	学院指导教师评价：
签名： 日期：	签名： 日期：

注：此表格每日填写，一个实习岗位汇总一次，并由负责的专业教师根据企业指导教师评价给出百分制的评分。

附　图

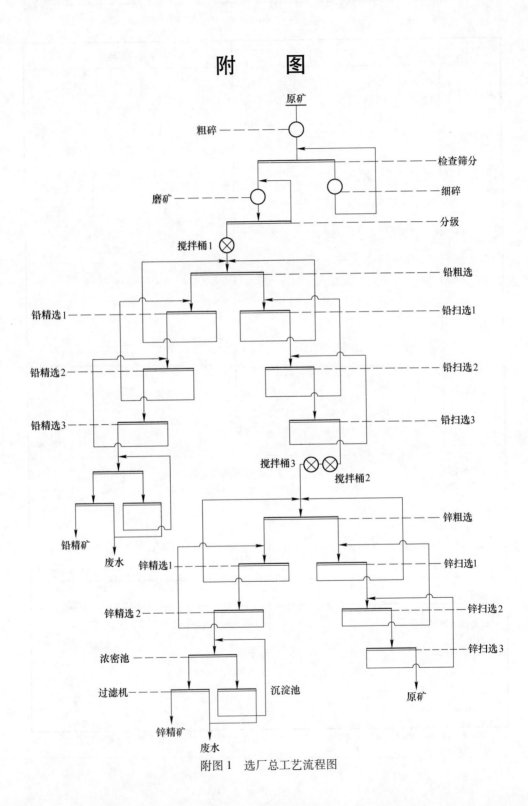

附图 1　选厂总工艺流程图

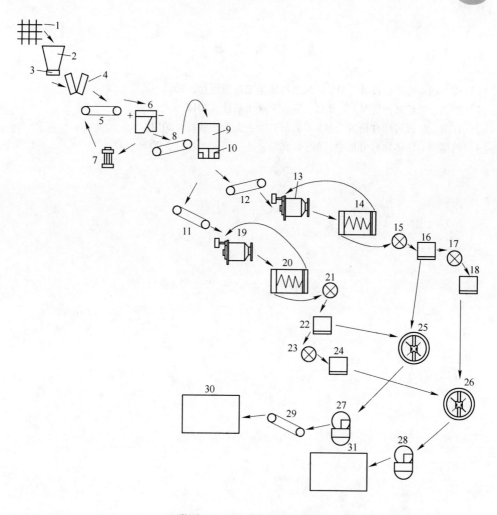

附图 2 选厂总设备联系图

1—隔条筛；2—给矿仓；3—电磁振动给矿器；4—颚式破碎机；5, 8, 11, 12, 29—皮带；6—振动筛；
7—圆锥破碎机；9—粉矿仓；10—圆盘给料器；13, 19—球磨机；14, 20—螺旋分级机；
15, 17, 21, 23—搅拌桶；16, 18, 22, 24—浮选机；25—铅浓密池；26—锌浓密池；
27—铅过滤机；28—锌过滤机；30—铅矿仓；31—锌矿仓

参 考 文 献

［1］周小四. 选矿厂设计［M］. 北京：冶金工业出版社，2012.

［2］张强. 选矿概论［M］. 北京：冶金工业出版社，2012.

［3］许时. 矿石可选性研究［M］. 北京：冶金工业出版社，2012.

［4］魏德洲. 固体物料分选学［M］. 北京：冶金工业出版社，2009.

附件1　矿物加工工程专业
生产实习教学大纲

适用学期：7　　　　　　实习周数：5
实习学分：5　　　　　　实习地点：选矿厂
实习形式：进厂实习　　　课程编号：2704100S

一、实习的性质、目的和任务

《生产实习》是矿物加工工程专业四年制本科的必修实践环节。该实习的任务是让学生熟悉矿山的生产设备设施、生产流程工艺、生产技术经济指标、生产组织管理制度、厂区平面布置、厂房设备配置等。

二、实习的基本要求

通过生产实习，要求学生结合相关课程教学，加强对矿物加工生产过程的感官认识；通过专题报告、生产现场实习，熟悉矿山生产组织管理体系；熟悉选矿工艺流程结构、设备、选矿药剂的种类和使用；了解矿山技术经济指标、产品质量要求等；熟悉矿山总平面布置、各车间设备配置、尾矿库坝体、尾矿堆积方式、排水排渗设施；按照毕业论文格式写作要求完成撰写生产实习报告。

三、实习的基本内容

1. 实习选矿厂的概况

（1）厂区的地理位置及交通状况。

（2）矿山的水工环地质资料，矿石类型，矿石结构构造，原矿粒度、湿度、真密度、堆密度、硬度等资料。

（3）发展历史、生产规模、职工人数、职工组成及管理模式。

（4）选矿工艺革新历史；重点了解目前选厂采用原则流程、回收金属种类、主要技术经济指标。

（5）用户对精矿质量的要求。

（6）尾矿处理方式及环保问题。

（7）完成厂区总平面布置图。

2. 破碎车间实习

（1）破碎筛分车间所涉及的各种设备类型、设备构造及工作原理。

（2）原矿最大粒度及破碎最终粒度、衬板更换周期。

（3）厂房设备配置图、工艺流程图、设备联系图、设备表。

（4）本车间作业制度、工作规章制度、技术经济指标。

3. 磨矿车间实习

（1）磨矿设备类型、设备构造及工作原理。

（2）了解磨矿工艺流程、技术经济指标。

（3）本车间作业制度、工作规章制度。

（4）厂房设备配置图、工艺流程图、设备联系图、设备表。

（5）作出磨矿车间工艺流程图。

4. 选矿车间实习

（1）选矿车间的设备类型、设备构造及工作原理。

（2）选矿工艺流程，包括药剂种类、作用及机理。

（3）本车间作业制度、工作规章制度、技术经济指标。

（4）厂房设备配置图、工艺流程图、设备联系图、设备表。

5. 脱水车间实习

（1）脱水车间的设备类型、设备构造及工作原理。

（2）厂房设备配置图、工艺流程图、设备联系图、设备表。

（3）本车间作业制度、工作规章制度、技术经济指标。

6. 尾矿库实习

（1）尾矿坝的结构、尾矿排放方式及排水排渗设施。

（2）尾矿库的库容及服役时间。

四、成绩考核与评定

实习期间表现（50%）+报告成绩（50%）。

五、教材及参考书

张强 . 选矿概论 ［M］. 北京：冶金工业出版社，2006.

大纲主撰人：左可胜

系或教研室主任：

主管院长（系、部主任）：

附件 2　生产实习动员内容

一、生产实习时间安排

（1）9 月 1 日~9 月 3 日生产实习准备。

（2）9 月 4 日出发，9 月 5 日实习，9 月 19 日返回。

（3）9 月 20 日~10 月 1 日在校撰写实习报告。

（4）10 月 6 日提交报告。

二、准备物品

（1）身份证。

（2）必要的生活费。

（3）生活用品，中间有几天可能气温较低，需准备一套较厚的衣服。

（4）书籍：《选矿厂设计》、《固体物料分选学》、《矿物加工工程专业生产实习指导书》、笔记本。

（5）军训服帽。

三、在外注意事项

（1）在外实习期间，有事须请假，不得单独行动。

（2）路上要注意来往车辆，不要在路上嬉闹。

（3）晚上不要随意行动，有事白天办理，睡前晚点名。

（4）爱护公共财物，损坏物品自行赔付。

（5）防火防盗。

四、进厂实习注意事项

实习过程中严格遵守实习单位的一切规章制度，实习过程中坚持安全第一的原则。

（1）进生产车间应穿工作服，戴安全帽，穿胶鞋或运动鞋，不能穿脱鞋、高跟鞋。女同学应将头发盘在安全帽里。

（2）学生跟班实习时应勤看、多问，严禁私自动手操作设备开关按钮。

（3）严禁在危险场所停留，远离陡坡防护栏杆。

（4）严禁高空抛落物体。

（5）严禁跨越皮带运输机。

（6）严禁嬉戏打闹。

（7）实习期间以组为单位，不允许单独进入生产现场。

（8）如遇突发事故，坚持自救，并在第一时间通知老师。

（9）实习期间不得擅自离开实习单位外出，如有事，需事先请假。

五、实习目的

（1）结合相关课程教学，加强对矿物加工生产过程的感官认识。

（2）通过专题报告、生产现场实习，了解矿山生产组织管理体系。

（3）了解选矿工艺流程结构、设备、选矿药剂的种类和使用。

（4）了解矿山技术经济指标、产品质量要求等。

（5）了解矿山总平面布置、各车间设备配置、尾矿库坝体、尾矿堆积方式、排水排渗设施。

（6）按照毕业论文格式写作要求完成撰写生产实习报告。

六、实习任务

（1）了解实习选矿厂的概况。

（2）破碎车间实习。

（3）磨矿车间实习。

（4）浮选车间实习。

（5）脱水车间实习。

（6）尾矿库实习。

七、选矿厂概况

（1）厂区的地理位置及交通状况。

（2）矿山的水工环地质资料，矿石类型，矿石结构构造，原矿粒度、湿度、真密度、堆密度、硬度等资料。

（3）矿山发展历史、生产规模、职工人数、职工组成及管理模式。

（4）选厂选矿工艺革新历史；重点了解目前选厂采用原则流程、回收金属种类、主要技术经济指标。

（5）了解精矿用户及用户对精矿质量的要求。

（6）了解尾矿处理方式及环保问题。

（7）完成厂区总平面布置图。

八、破碎车间

（1）了解破碎筛分车间所涉及的各种设备规格型号、主要操作参数、设备构造及工作原理，完成设备表的填写。

（2）了解原矿最大粒度及破碎最终粒度、衬板更换周期。

（3）了解本车间作业制度、工作规章制度。

（4）作出破碎筛分车间工艺流程图、设备联系图、厂房设备配置图。

九、磨矿车间

（1）了解磨矿设备规格型号、主要操作参数、设备构造及工作原理。

（2）了解磨矿工艺条件，包括磨矿浓度、分级浓度、磨机处理能力、磨矿细度、钢耗与电耗。

（3）了解本车间作业制度、工作规章制度。

（4）作出磨矿车间工艺流程图、设备联系图、厂房设备配置图。

十、选矿车间

（1）了解选矿车间的设备规格型号、主要操作参数、设备构造及工作原理。

（2）了解选矿工艺条件，包括药剂种类、作用及机理。

（3）了解本车间作业制度、工作规章制度。

（4）作出选矿车间工艺流程图、设备联系图、厂房设备配置图。

十一、脱水车间

（1）了解选矿车间的设备规格型号、主要操作参数、设备构造及工作原理。

（2）了解选矿工艺条件，包括药剂种类、作用及机理。

（3）了解本车间作业制度、工作规章制度。

（4）作出选矿车间工艺流程图、设备联系图、厂房设备配置图。

十二、尾矿库与回水利用

（1）了解尾矿坝的结构、尾矿排放方式及排水排渗设施。

（2）了解尾矿库的库容及服役时间。

（3）了解后期坝的复垦方式。

附件3 长安大学学生外出实习安全责任书

教学实习是重要的实践教学环节,是理论联系实际,培养学生独立工作能力的重要途径。为使实习达到预期目的,保证实习工作有领导、有计划、有组织地进行,针对目前的社会治安和交通安全情况,学校和学生在安全责任方面达成下列共识,并签订以下安全责任书:

1. 此次安全责任的主体是学生本人。

2. 学生在教学实习过程中,要服从实习单位的领导,听从带队教师的指挥,严格遵守《长安大学校外实践教学安全管理规定(试行)》及实习队的有关规定。

3. 学生必须遵守国家法律和校纪校规,遵守实习纪律,团结互助,不做有损大学生形象的事。若发生打架斗殴等事件,将按校纪校规严肃处理。

4. 在实习过程中,严禁下江、河、湖泊、水塘等游泳,严禁带火种上山,严禁酗酒,严禁乘坐无保险的私人营运车辆。

5. 实习期间,未经批准,不得擅自离开实习单位从事任何与实习无关的活动。

6. 参加实习的学生,要定期向带队教师汇报实习情况,发生特殊问题应随时报告,不得拖延;自己联系实习单位的学生,应定期向学院相关领导汇报实习情况。

以上条款学生应全面遵照执行,学生所在学院(部)负责检查、落实。学生违反上述规定,所造成的后果和损失(包括人身伤害事故),由学生本人负责,学校不承担任何法律和经济责任。此安全责任书需经学生本人签字确认,交带队教师保留备查。

学生签名:

年　　月　　日